JN320398

プリンター開発技術の動向
Trend of Exploitation Technology for Digital Printers

監修:髙橋恭介

シーエムシー出版

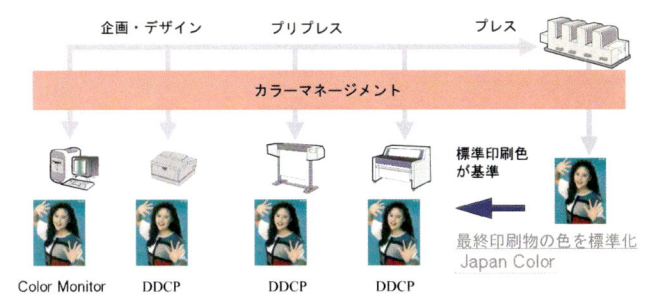

総論編　第2章　図1　印刷ワークフローにおける統一色標準とカラーマネジメント

印刷工程において，企画・デザイン工程から最終印刷工程までどこでも同じ色（印刷工程では最終印刷物の色）を再現させることが必要。
様々なデバイス（モニタ，プリンタ）同士や，印刷物との色合わせが誰でも簡単に素早く行えること。

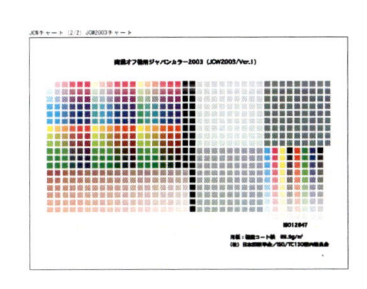

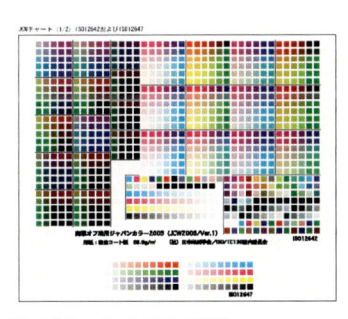

総論編　第2章　図2　Japan Color本機印刷で使われるチャート。ここではオフ輪用Japan Color（JCW2003）で使われたチャートを例として示す。

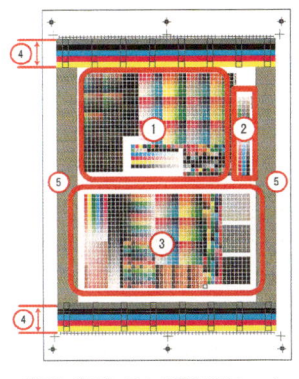

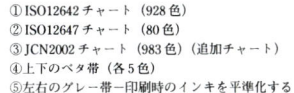

① ISO12642チャート（928色）
② ISO12647チャート（80色）
③ JCN2002チャート（983色）（追加チャート）
④ 上下のベタ帯（各5色）
⑤ 左右のグレー帯－印刷時のインキを平準化するための4色等量（25％）の平網

総論編　第2章　図3　新聞用JCNチャート

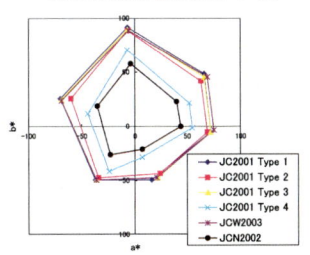

総論編　第2章　図4　Japan Color　ガマット図
Type 1：アート紙，Type 2：マットコート紙，
Type 3：コート紙，Type 4：上質紙

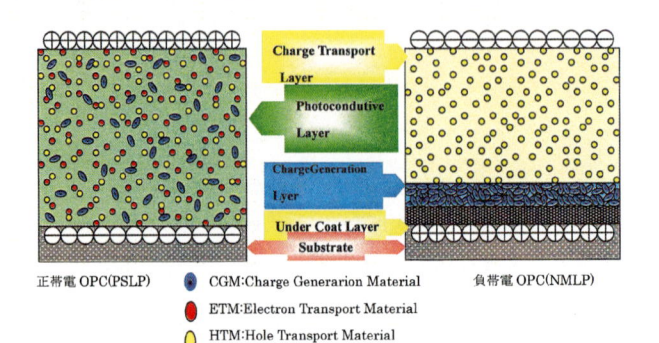

正帯電 OPC(PSLP)　● CGM:Charge Generarion Material　負帯電 OPC(NMLP)
● ETM:Electron Transport Material
● HTM:Hole Transport Material

オフィスプリンター編　第3章　図5　正帯電 OPC と負帯電 OPC の構造の違い

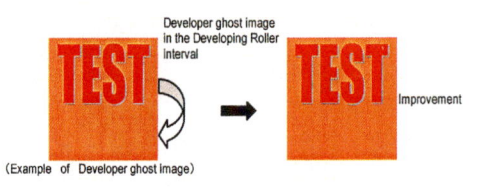

（Example of Developer ghost image）

オフィスプリンター編　第3章　図10　現像ゴースト対策

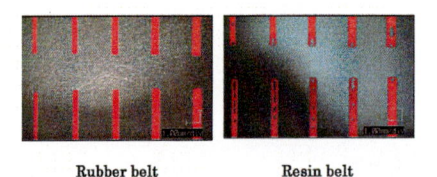

Rubber belt　　Resin belt

オフィスプリンター編　第3章　図13　弾性ベルトの転写性

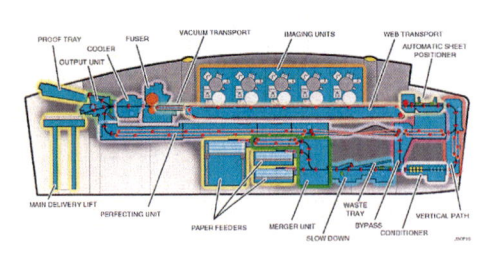

オンデマンド印刷機編　図1　第5イメージングユニットを装着した
NexPress 2100 デジタルプレス

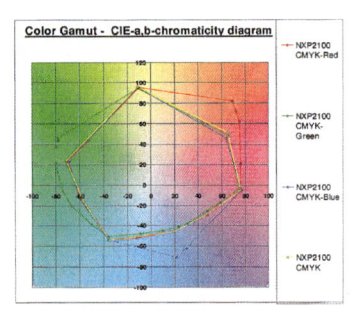

オンデマンド印刷機編　図9　5色プロセス時の色度図

はじめに

　電気信号に変換された情報が「デジタル化」されることは普遍的情報となることを意味する。すなわち音、画像、映像、文字、パターンなど全ての情報が、電気信号となりデジタル化されると同一次元のデータとなり、これら全てのデータ(メディアといってもよい)が1枚のCD-ROMに入ってしまう。このようにデジタル化により情報は、ボーダレス化し、時間と場所の制約がなくなり、誰でもこの情報に接することが可能になったことを意味する。

　この情報のデジタル化とハードコピー技術が結びついたものがデジタルハードコピー技術でありその全体像は、DTPまたはプリプレスの概念で示されるデジタル情報作成分野と全てのハードコピー出力技術が、デジタルデータで結ばれた形になっている。そのような状況下で発展してきて、現在成熟期に入っている各種ハードコピー出力技術が、パソコンの性能向上と画像処理技術の進展と相まって、さらに環境問題への対応などを含め新たな進展を見せてきた。デジカメの普及に対応する形で各ユーザーニーズを満たすように各種プリンターが、パーソナル用の超小型からプロ用、業務用まで幅広く開発されている。その技術も電子写真、インクジェット、昇華熱転写であり写真調画像技術として性能向上が著しい。また、オフィスもモノクロからカラーへと急激に変化しており、そのニーズを満たす技術としてタンデムカラー光プリンターが主流になり各社から発売されている。しかも、小型低価格化、多機能化、高速高画質化の三分極化が見られる。

　インクジェット技術が写真調画像、オフィス文書、高速印刷、大型広告、捺染・染色、マイクロパターニングの分野へ急速に拡大している。ヘッド、インク、メディア等に新技術が出てきており、高速インクジェットカラープリンターがオフィス用途として開発されている。

　このように発展の著しいデジタルプリンターについて、パーソナル分野からオフィス／ビジネス分野、産業／生産分野までの幅広い各種デジタルプリンター技術の具体例を盛り込まれているアイデアを含めその一覧を詳しく知ることは、プリンター技術開発のためには有効な情報と考えられる。今回はそのような観点から各社が開発しているデジタルプリンターの記述をお願いした。また、印刷産業で使われる各種カラープリンターの色再現に必要な色の標準ジャパンカラーについても述べてある。

　プリンター分野、印刷分野などの研究開発者はもとより利用者、営業関係の人々にも有益な情報を提供する出版物になっていると考えている。

2005年1月

東海大学名誉教授
髙橋恭介

普及版の刊行にあたって

本書は2005年に『最新プリンター応用技術』として刊行されました。普及版の刊行にあたり，内容は当時のままであり加筆・訂正などの手は加えておりませんので，ご了承ください。

2010年5月

シーエムシー出版　編集部

執筆者一覧（執筆順）

髙橋 恭介	東海大学名誉教授
日髙 重助	(現) 同志社大学　理工学部　化学システム創成工学科　教授
佐藤 眞澄	㈱リコー　画像システム事業本部　エンジン開発センター　エンジンPF開発室　PF開発2グループ　グループリーダー
醒井 雅裕	パナソニックコミュニケーションズ㈱　デジタルイメージング開発センター　主任技師 (現) ㈱リコー　画像エンジン開発本部　モジュール開発センター　Md開発十一グループ　スペシャリスト
片伯部 昇	パナソニックコミュニケーションズ㈱　デジタルイメージング開発センター　チームリーダー
立松 英樹	(現) パナソニックシステムネットワークス㈱　要素技術開発センター　主任技師
志水 忠文	(現) パナソニックシステムネットワークス㈱　コミュニケーションネットワーク　カンパニー福岡　FAX・AIOビジネスユニット　開発2グループ　主任技師
小沢 義夫	京セラミタ㈱　技術本部　第3統括技術部　部長
北原 強	セイコーエプソン㈱　IJX開発部　部長
亀井 稔人	(現) ㈱リコー　GJ開発本部　GC開発センター　PF開発室　PF1グループ　リーダー
青崎 耕	富士写真フイルム㈱　イメージング&インフォメーション事業本部　プリンター商品開発部　主任技師 (現) 富士フイルムホールディングス㈱　経営企画部　担当部長
沖 尚武	ENCAD, INC.　日本支社　前支社長

（つづく）

大西　勝	(現) ㈱ミマキエンジニアリング　技術本部　技術顧問
Yee S. Ng	(現) Eastman Kodak Company
Muhammed Aslam	(現) Eastman Kodak Company
Thomas Tomb	(現) Eastman Kodak Company
Karlhemz Peter	(現) Eastman Kodak Company
鈴木　浩二	コダック㈱　ネクスプレス・ソリューションズ
	(現) コニカミノルタビジネステクノロジーズ㈱　販売本部
	PPプロダクト販売部　販売推進グループ　マネジャー
小野田　貴	リコープリンティングシステムズ㈱　開発設計本部　システム
	設計部　部長
藤　朝彦	リコープリンティングシステムズ㈱　開発設計本部　主管技師
白川　順司	リコープリンティングシステムズ㈱　開発設計本部　主管技師
長谷川　倫男	ニップンテクノクラスタ㈱　応用技術部　プロテオミクス/HTS
	グループ　主任
小口　寿彦	森村ケミカル㈱　技術部　技術統括
田中　正夫	大日本インキ化学工業㈱　顔料技術本部　本部長
上山　雅文	㈱巴川製紙所　研究開発本部　技術研究所　主席研究員
丸田　将幸	(現) 花王㈱　化学品研究所　主席研究員
細矢　雅弘	(現) ㈱東芝　研究開発センター　首席技監
伊藤　昇	(現) コニカミノルタビジネステクノロジーズ㈱　開発本部
	要素技術開発センター　作像技術開発部　マネジャー
内海　正雄	三菱製紙㈱　高砂工場　技術部長

執筆者の所属表記は，注記以外は2005年当時のものを使用しております。

目 次

【総論編】

第1章 デジタルプリンターの最新動向　　高橋恭介

1　はじめに……………………………… 3
2　オフィスプリンター………………… 3
3　超小型プリンター・ケータイプリンター
4　産業／業務用プリンター…………… 5
　　　　　　　　　　　　　　　　　　 7

第2章 印刷色の標準ISO／Japan Color　　高橋恭介

1　日本のオフセット印刷の色標準……… 11
2　何故印刷色の標準が必要か…………… 11
3　Japan Colorはどのように決められるのか
　　　………………………………………… 13
3.1　検討委員会の構成は………………… 13
3.2　制定の手順は………………………… 13
3.3　Japan Colorの内容は……………… 15
3.4　Japan Colorの利用，運用は……… 17

第3章 電子写真機器開発におけるシミュレーション技術　　日高重助

1　はじめに……………………………… 19
2　粒子要素法シミュレーション……… 19
  2.1　粒子要素法の基礎的考え方……… 19
  2.2　電磁場内での粒子間相互作用力の表現 …………………………………… 21
  2.3　帯電トナー粒子に作用する静電気的相互作用力………………………… 22
3　電子写真プロセスのシミュレーション例
　　　………………………………………… 23
3.1　粉体トナー粒子帯電挙動のシミュレーション ………………………… 23
3.2　非磁性一成分現像システムにおけるトナー流動挙動 …………………… 23
3.3　二成分現像システムにおける磁気ブラシの形成挙動 …………………… 25
3.4　トナー粒子のクリーニング………… 27

I

【オフィスプリンター編】

第1章　IPSiO Colorレーザープリンタ　　　佐藤眞澄

1　はじめに …………………………… 31
2　製品概要 …………………………… 32
3　主な特徴と主要搭載技術 ………… 33
　3.1　高速・省スペース・低コスト化 … 33
　　3.1.1　作像レイアウト ………… 33
　　3.1.2　小型レーザービーム書込み光
　　　　　学系 ……………………… 34
　3.2　アプライアンス性 ……………… 35
　　3.2.1　粉体ポンプによるトナー搬送
　　　　　方式 ……………………… 35
　　3.2.2　ベルト定着方式 ………… 37
　3.3　画質の安定化と高信頼性 ……… 37
　　3.3.1　自動位置合わせ制御 …… 37
　　3.3.2　小径ビーム2値書込みプロセス
　　　　　…………………………… 38
　　3.3.3　高耐久感光体ユニット … 39
4　おわりに …………………………… 39

第2章　WORKiOレーザプリンタ　　醒井雅裕，片伯部　昇，立松英樹，志水忠文

1　はじめに …………………………… 41
2　WORKiO CL500の特徴 ………… 42
3　プリンタエンジンの構成概要 …… 42
4　IH定着技術の概要 ………………… 43
　4.1　定着器の基本構成 ……………… 43
　4.2　定着器の低熱容量化 …………… 45
5　主要部品と要素技術 ……………… 46
　5.1　定着ベルト ……………………… 46
　5.2　IHコイル部 …………………… 47
　5.3　外部加熱技術 …………………… 47
　5.4　EMC（Electro Magnetic Compati-
　　　bility）制御技術 ……………… 48
　5.5　発熱分布制御技術 ……………… 49
6　おわりに …………………………… 50

第3章　KMC LEDプリンタ　　　小沢義夫

1　はじめに …………………………… 51
2　本体仕様と断面構成 ……………… 51
3　LEDヘッド ………………………… 53
　3.1　小型化とダイナミックドライブ方式
　　　…………………………………… 53
　3.2　LEDプリントヘッドの補正技術 … 53
4　高耐久単層OPCドラム ………… 55
　4.1　高耐久感光体ドラム …………… 55
　4.2　正帯電単層OPCドラムの耐摩耗性
　　　…………………………………… 56
5　タッチダウン現像 ………………… 57
　5.1　タッチダウン現像法の歴史 …… 57
　5.2　FS-C5016の現像器の構成 …… 57
　5.3　タッチダウン現像の制御 ……… 57
　5.4　ゴースト対策 …………………… 59
6　タンデム中間転写方式 …………… 59

6.1	弾性ベルトの構成 ……………	59
6.2	弾性ベルトによる高画質化 ………	60

6.3	多様なメディアに対応 …………	61
7	おわりに ……………………………	61

第4章　MACHJETインクジェットプリンタ　　北原　強

1	はじめに ……………………………	63
2	MACHの高性能化の推移 ………	63
3	新開発MACH方式のヘッド構造 ……	64
3.1	MLPタイプの構造 ……………	64
3.2	MLChipsタイプの構造 ………	66

4	メニスカス制御技術 ………………	68
4.1	微小インク滴の形成技術 ………	68
4.2	インク滴変調技術 ………………	69
4.3	応答周波数の向上技術 …………	70
5	おわりに ……………………………	71

第5章　GELJETプリンタ　　亀井稔人

1	はじめに ……………………………	72
2	GELJETテクノロジー …………	73
2.1	GELJETビスカスインク ………	73
2.2	GELJETワイドヘッド …………	76
2.2.1	ヘッドの構造 …………………	76
2.2.2	駆動制御技術 …………………	77

2.3	GELJET BTシステム …………	78
2.4	画像処理 …………………………	78
2.4.1	レベルカラー印刷 ……………	78
2.4.2	中間調ディザマトリックス …	80
3	おわりに ……………………………	81

【携帯・業務用プリンター編】

第1章　カメラ付き携帯電話用プリンターNP-1　　青崎　耕

1	はじめに ……………………………	85
2	基本コンセプト …………………	85
3	特長 ………………………………	85
4	操作 ………………………………	87
5	プリント原理 ……………………	88

6	インターフェース ………………	89
7	カメラ付き携帯の画像 …………	89
8	アプリケーションソフト ………	90
9	おわりに …………………………	90

第2章　大型インクジェットプリンター　　沖　尚武

1	はじめに ……………………………	91
2	水性インクジェットプリンターの出荷記録および予測 ………………	91

3	NJ1000iプリンターの概要 ………	91
4	Quantum Printhead (Cartridge) …	93
5	IMT：Intelligent Mask Technology：	

	インテリジェントマスクテクノロジー ……………………………………… 94
6	Quantum Qi Dye & Qi Pigment Ink：ファンタムQi染料インクおよびファンタムQi顔料インク …………… 94
7	インク供給システム ……………… 95
8	瞬間蒸発乾燥システム：

	Rapid Evaporation Drying System … 96
9	RIPソフトウエア ………………… 96
10	支援ソフト：Software Suites ……… 96
11	Kodakワイドフォーマットインクジェットメディア ……………………… 97
12	コダックメディア製品品質保証システム ………………………………………… 98

第3章 ソルベントインクジェットプリンタ　　大西　勝

1	はじめに …………………………… 99
2	印刷インクとインクジェットインクの比較 ……………………………… 100
2.1	構成成分と物性値の比較 ………… 100
2.2	インクジェットインクの性質とプリント特性 …………………………… 100
3	インクジェットインクと特長 ……… 103
3.1	定着プロセスの違い ……………… 103
4	ワイドフォーマットソルベントインクジェットプリンタの開発 …………… 104
4.1	屋外ワイドフォーマットインクジェットプリンタにおける要求 …… 104
5	屋外用ソルベントインクプリンタの開発課題と開発した技術 ……………… 105

5.1	ワイドフォーマットインクジェットプリンタJV3 ……………………… 105
5.2	インクの開発 ……………………… 105
5.2.1	インクの定着までの問題 …… 105
5.3	プリンタシステムの開発 ………… 108
5.3.1	プリントヒーターの設置と役割 ………………………………… 108
5.3.2	ヒーター制御 ………………… 108
5.4	ソルベントインクプリントの色再現特性 ………………………………… 109
5.5	ソルベントインクワイドフォーマットプリンタの使用例 ……………… 109
6	一層のメディアフリーを目指して …… 111
6.1	UVインクの問題点 ……………… 112

【オンデマンド印刷機編】

第1章　Kodak NexPressデジタルプロダクション印刷テクノロジー
Yee S.Ng, Muhammed Aslam, Thomas Tombs, Karlheinz Peter, 鈴木浩二

1	はじめに …………………………… 117
2	用紙のハンドリングと見当調整（BICとMIC） ……………………………… 118

2.1	基本イントラックキャリブレーション（BIC） ……………………………… 120
2.2	メディアイントラックキャリブレー

	ション（MIC） …… 120	4.2	BCからメディアへの転写 …… 124
3	画像形成 …… 121	5	画像定着 …… 124
4	転写 …… 122	6	ドライインキと第5イメージングユニッ
	4.1 ICからBCへの転写 …… 123		トソリューション …… 126

第2章　デジタルドキュメントパブリッシャー（DDP）

小野田　貴，藤　朝彦，白川順司

1	製品概要 …… 130		…… 135
2	印刷原理 …… 131	4.1.2	「マイクロプレス」との接続
	2.1 装置構成 …… 131		…… 135
	2.2 印刷プロセス …… 131	4.2	スポットカラー機としての使用例
3	印刷業界から要求される機能 …… 133		…… 136
	3.1 印刷位置合わせ …… 133	5	印刷運用管理ソフトウェア「PrintEasy」
	3.2 重送検知 …… 133		…… 136
	3.3 処理性能 …… 134	5.1	アーカイブによる繰り返し印刷 …… 137
	3.4 後処理装置 …… 134	5.2	分散印刷 …… 137
4	DDPの使用例 …… 135	5.3	代替印刷 …… 138
	4.1 モノクロプリンターとしての使用例	6	プリンターの課題と今後の方向 …… 138
	…… 135	6.1	各種用紙対応 …… 138
	4.1.1 多彩なアウトプットオプション	6.2	高精細画像化対応 …… 139
	によるペーパーハンドリング		

【ファインパターン技術編】

第1章　インクジェット分注技術　　長谷川倫男

1	はじめに …… 143	5	DNAチップ・プロテインチップ製造分
2	インクジェット分注 …… 143		野における利用 …… 148
3	HTS分野における利用 …… 146	6	おわりに …… 149
4	診断薬分野における利用 …… 147		

第2章　高精細導電回路形成　　小口寿彦

1　高精細回路形成技術の現状 …………… 151
2　高精細技術の分類 ……………………… 151
3　各種の高精細導電回路形成 …………… 152
　3.1　電子写真法 ………………………… 152
　3.2　Electrophoretic Deposition 法
　　　（EPD 法） ………………………… 154
　3.3　インクジェット法 ………………… 154
　3.4　レーザーによるパターニング …… 157
4　将来展望 ………………………………… 158

【材料・ケミカルスと記録媒体編】

第1章　インクジェットインク　　田中正夫

1　はじめに ………………………………… 163
2　インクジェット用染料とその課題 …… 163
3　インクジェット用色材としての顔料 … 164
　3.1　顔料の一般的特徴と課題 ………… 164
　3.2　インクジェット用顔料の課題 …… 164
4　顔料のマイクロカプセル化とインクジェットへの応用 ………………………… 166
　4.1　顔料表面修飾技術としてのマイクロカプセル化 ……………………… 166
　4.2　マイクロカプセル化の手法 ……… 167
　4.3　マイクロカプセル化顔料の特徴 … 168
　　4.3.1　分散性，分散安定性 ………… 168
　　4.3.2　耐溶剤性 ……………………… 168
　4.4　マイクロカプセル化顔料を用いたインクジェットの特徴 …………… 168
　　4.4.1　定着性：耐水性，耐擦過性，耐マーカー性 ………………… 168
　　4.4.2　光沢：平滑性 ………………… 170
5　おわりに ………………………………… 170

第2章　重合トナー　　上山雅文

1　はじめに ………………………………… 171
2　重合トナー／化学製法トナーとは …… 171
3　重合法／化学製法の実際 ……………… 173
　3.1　懸濁重合法 ………………………… 173
　3.2　乳化重合法 ………………………… 175
　3.3　溶解懸濁法 ………………………… 175
4　重合トナーの特性 ……………………… 176
　4.1　形状，表面性 ……………………… 176
　4.2　顔料の分散状態 …………………… 177
　4.3　粒子径 ……………………………… 177
　4.4　トナー特性 ………………………… 178
5　重合トナーの今後 ……………………… 178

第3章 粉砕トナー　　丸田将幸

1　はじめに …………………………… 180
2　粉砕トナーの材料設計 …………… 180
　2.1　バインダー樹脂 ……………… 180
　2.2　着色剤 ………………………… 182
　2.3　帯電制御剤 …………………… 182
　2.4　ワックス ……………………… 183
　2.5　外添剤 ………………………… 183
3　粉砕トナーの製造方法 …………… 183
4　粉砕トナーの開発動向 …………… 185
　4.1　黒トナーの低温定着化 ……… 185
　4.2　カラートナー ………………… 185
　4.3　環境対応 ……………………… 186
5　おわりに …………………………… 186

第4章 液体トナー　　細矢雅弘

1　液体トナーの特徴と乾式トナーとの比較
　　　……………………………………… 188
2　液体トナーの構成 ………………… 189
　2.1　キャリア溶媒 ………………… 190
　2.2　バインダー樹脂 ……………… 191
　2.3　顔料 …………………………… 191
　2.4　電荷供与剤 …………………… 191
3　液体トナーの帯電機構 …………… 192
4　液体トナーと液体現像の最新技術 … 192
　4.1　ファイバー状突起を有する液体ト
　　　ナー ………………………………… 192
　4.2　マクロモノマー法によるグラフト
　　　ポリマーを用いた液体トナー … 193
　4.3　不揮発性シリコーン溶媒を用いた
　　　高濃度・高粘性液体トナー …… 194
5　おわりに …………………………… 195

第5章 キャリア　　伊藤 昇

1　はじめに …………………………… 196
2　キャリアの種類 …………………… 197
　2.1　鉄粉キャリア ………………… 197
　2.2　フェライトキャリア ………… 198
　2.3　マグネタイトキャリア ……… 200
　2.4　磁性粉分散型キャリア ……… 200
　　2.4.1　帯電性制御 ……………… 202
　　2.4.2　磁気力制御 ……………… 203
　　2.4.3　粒径力制御 ……………… 203
3　おわりに …………………………… 204

第6章 情報用紙の技術動向　　内海正雄

1　電子写真用紙の技術開発動向 …… 206
　1.1　技術開発の経緯 ……………… 206
　　1.1.1　複写機内での走行性の確保 … 206
　　1.1.2　トナーの転写性 ………… 207
　　1.1.3　トナーの定着性 ………… 207
　1.2　今後の課題 …………………… 207
　　1.2.1　共用紙化 ………………… 207
　　1.2.2　古紙の活用 ……………… 207

1.2.3 カラー対応 …………… 207	2.3.2 油性顔料インクへの対応 …… 210
2 インクジェット用紙（IJ用紙）の技術開発動向 ………………………… 208	3 感熱記録用紙の技術開発動向 ………… 210
2.1 市場の概要 ………………… 208	3.1 高感度化 …………………… 211
2.2 技術開発動向 ……………… 208	3.2 高保存性 …………………… 212
2.2.1 RC光沢紙（マイクロポーラスタイプ）……………… 208	3.3 プリンタ走行性 …………… 212
2.2.2 RC光沢紙（ポリマータイプ）………………………… 208	3.4 その他 ……………………… 212
	4 昇華熱転写用紙の技術開発動向 ……… 213
2.2.3 キャスト光沢紙 ………… 209	4.1 技術開発の経緯 …………… 214
2.2.4 マットコート紙 ………… 209	4.1.1 受像層の設計 …………… 214
2.2.5 ノンコート紙（普通紙）…… 209	4.1.2 基材の設計 …………… 214
2.3 今後の課題 ………………… 209	4.2 今後の課題 ………………… 214
2.3.1 水性顔料インクへの対応 …… 209	4.2.1 キレート形成反応の利用 …… 214
	4.2.2 保護層の設置 …………… 215

【総論編】

【 綜論編 】

第1章　デジタルプリンターの最新動向

髙橋恭介*

1　はじめに

　成熟期に入っている各種ハードコピー出力技術が、パソコン（PC）の性能と画像処理技術の向上と相まって環境問題を含めホーム、オフィス、産業用などの新しいニーズに対応する形でデジタルプリンターとして新たに開発されている。カメラ付きケイタイ、デジタルカメラ（デジカメ）の普及が、ホーム用超小型プリンターの開発につながっている。手軽に持ち運べる大きさのハガキ／L判サイズ専用のPC無しでプリントできる超小型プリンターが各社から発表されている。また、業務用MFPにデジカメ出力に対応する機能が登載された新マルチコピー機も登場してきた。使われる技術はインクジェット、昇華熱転写、電子写真であるが、材料およびシステムに対する工夫を盛り込み新機能、高画質化、高速化、コストダウン、省エネ、環境対応などが謳われている。

2　オフィスプリンター

　オフィスにおけるドキュメントのカラー化のニーズは強くそれに答えるべくタンデム形のカラー機が各社から発売された。これらタンデム機には、小型低価格化、多機能化、高速高画質化の三つの動きがみられる。小型低価格対応の製品例とし次のものが挙げられる。
　DocuPrint C 1616 レーザープリンター（富士ゼロックス）はA4判まで対応でカラー、モノクロ16枚／分と同じプリント速度とウォームアップ時間30秒を謳っている。トナーにはワックスを内包したポリエステル球形トナーを採用し高転写効率、ラフ紙対応、オイルレス定着を可能にしている。レーザープリンターWORKiO KX500シリーズ（パナソニックコミュニケーションズ）は、A4判でカラー16枚／分、モノクロで20枚／分であり設置面積（幅419mm、奥行536mm）をモノクロプリンターなみにしている。新開発の誘導加熱方式（IH定着）により待機時消費電力を9Wと省エネ化を打ち出している。
　レーザーショットLBP2510（キヤノン）は、4連垂直タンデム方式で用紙への順次トナー転写

---

*　Yasusuke Takahashi　東海大学名誉教授

を行い小型化を達成している。ワックス内包球形トナーを用いオイルレス化にし，誘導加熱定着(IH定着)と超低熱容量スリーブにより，待機時消費電力を0Wにしウォームアップ時間16秒以下にした省エネを謳っている。カラー，モノクロ何れもA4判で17枚／分のプリント速度である。

LEDプリンターFS-5016N（京セラミタ）は，最軽量／最小のタンデム方式カラープリンターを謳っている。感光体に20万枚以上の耐刷性を持つ正帯電単層OPCを用い，1成分タッチダウン現像のカラー化を実現している。カラー，モノクロ共にA4判16枚／分と同じプリント速度を示しており，設置面積でモノクロプリンターと同等のデスクトップカラープリンタにしている。

LEDプリンターMicroline 5100（沖データ）では，小型軽量化と低コスト化に対応するため板金フレーム構造を採用している。新開発LEDヘッドとワンパス4色転写でモノクロプリンター並みのサイズと25.6kgの重量に収めてある。カラーA4判で12枚／分，モノクロで20枚／分である。

レーザープリンター DocuPrint C 3540（富士ゼロックス）は，高速高画質をかかげている。A3デスクトップで最速のA4横35枚／分であり，網点スクリーンと万線スクリーンを組み合わせて諧調再現をしているので滑らかなトーン画像を再現する。データ処理解像度，出力解像度ともに1200×1200dpiで鮮明画像が保証される。新開発の5.8μmのケミカルEAトナーを使用し低温定着を実現したことが高速化と高画質化に寄与している。フリーベルトニップ定着により待機時電力8.5Wと省エネ化を達成している。

ハードメーカー各社はオフィスでのモノクロ機代替をターゲットに小型化，低コスト，省エネ，高画質，ハンドリング性，メンテナンス容易性などの特徴を持たせた独自の機器を開発している。

多機能化は，高速，高画質化と一体でありオフィスネットワークの一員であるMulti-Function Peripheral (MFP) として複写機能とプリンター機能，ファックス機能，スキャナ機能，拡大・縮小，カラー／モノクロ兼用，画面編集機能などが盛り込まれている。各社の代表的なものとしてディアルタカラーCF3102（コニカミノルタ），フルカラーデジタル複合機AR-C260シリーズ（シャープ），デジタルフルカラー複合機Imagio Neo C 385/325シリーズ（リコー），フルカラー複合機FANTASIA 310（東芝テック），Docucentre ColorシリーズApeos Portシリーズ（富士ゼロックス）などが上梓されている。

インクジェットプリンターの新技術として電子写真プリンターがメインのオフィス向けに高速インクジェットプリンターが登場してきた。

ORPHIS HC5000（理想科学）は，オリンパスとの共同開発製品であり，A4横送りで105枚／分の高速プリンターである。東芝テック製のXaar方式ヘッドユニット（150dpi，318ノズル）を少しずらして2本平行に置き300dpiにして，それを6個長手方向に並べ316mm幅の固定式ラ

第 1 章　デジタルプリンターの最新動向

インヘッド（12 ユニットを使う）を構成している。A3 幅のラインヘッドを 4 色並べワンパスフルカラープリントを実現している。インクに特徴があり油性顔料インクを採用している。油性インクは紙への浸透が早いので連続プリントでも他紙を汚さないし，揮発の遅い溶媒であり乾燥によるヘッドの目詰まりがないなどシステムへの負担を少なくしている。一方，紙への浸透が早いインクは，それなりのデメリットも持つ。印字品質のシャープさ，カラーインクの発色性などにいくらかの問題はあるが，理想科学がこれまで培ってきた高速孔版印刷の延長と見るとA3両面カラープリントのできるのは格段の性能向上であり，孔版印刷利用分野などでのこれからの発展が期待される。

　LD-Shot（ソニー）は Lateral Deflection Shot の頭文字をとったものであり，サーマルジェット方式で固定ラインヘッドを用いたA4プリンターで 1 枚 6 秒の高速印字ができる。ノズル内に二つのヒータを持ち，ヒータに流す電流の比率を変えることでインク滴の突出方向を変化させて印字する。ヘッドは 600dpi で 5120 ノズルであり，4 色でその 4 倍のノズルを制御することになる。この方式は突出不良ヘッドを補償するコンセプトにもとずいて開発されたものであり，文字画像ではある程度のものが得られているがフォトライク画像については今後の性能向上が期待される。

　ゲルジェットプリンター IPSiO G シリーズ（リコー）は GELJET ビスカスインクを使う普通紙対応のインクジェットプリンターである。インクに特徴があり高粘度，高浸透性の顔料インクであり，一般的水性インクの 3 ～ 4 倍の粘度を持つ。普通紙への高い浸透性は，紙による水分減少が起こり急激に増粘（ゲル化）現象を示し紙表面にインクがとどまり高濃度画像を与え，レーザープリンター画像品質に近い画質を示すが，輪郭のにじみはわずかに存在する。ノズル列の長さ 1.27 インチで 384 ノズル（150dpi）をもつピエゾヘッドを用い，静電ベルト用紙搬送をすることにより高速印字と両面プリントを可能にしている。4 色ヘッドでフルカラー A4　8.5 枚／分，モノクロ 14 枚／分の速度で低コストプリント可能なビジネスプリンターである。

　このように，インクジェットの高速化には印字幅ラインヘッドの構築の問題と粘性インクのようなインク物性からのアプローチもありうることが示されている。

3　超小型プリンター・ケータイプリンター

　デジカメやカメラ付きケータイで撮影された画像は，附属のモニターかパソコンないしはテレビモニターで見れば済み，プリントがほしい場合にはインクジェットなどのフォトライクプリンターやDP店でプリントする形になっていた。デジカメ等の普及に伴い撮ってすぐプリントしたい，パソコンなしで手軽にプリントしたいなどのニーズを満たす形で，デジカメやメモリーカー

最新プリンター応用技術

ドから直接プリントできる超小型ハガキ／L判サイズプリンターが現在8機種以上発表されている。小型プリンターはパソコンなしでケータイから、デジカメから、メディアから、TVに映しながらそれぞれ直接プリントするもので昇華熱転写方式とインクジェット方式がある。

Colorio me：E-100（エプソン）は6色一体型の顔料インクを用いモノクロ液晶を見ながら画面、枚数、レイアウト等ができ、TV出力可能でインクジェットプリント時間約2分半／L判である。

プリン写ルPCP-60（カシオ）は文字入力用キーボードと液晶付きであり年賀状対応になっている。インクジェットプリント時間約2分／L判である。

SELPHY DS 700（キヤノン）はインクジェットプリンターであり、液晶無しTV接続可能でケータイからも入力できる。プリント時間約1分半／L判である。

Photosmart 325（日本HP）は3色一体型のインクジェットプリンターであり、カラー液晶搭載、別売り内蔵バッテリーがあり、約1.2kgと軽量なのでハンディである。プリント時間約1分半／L判である。

DPP-FP 30（ソニー）は昇華型プリンターであり、3色＋オーバーコート層一体型のドナーフィルムを用いる。約1kgと軽く300dpiでプリント時間2分弱／L判である。

SELPHY CP 500（キヤノン）は昇華型プリンターであり3色＋オーバーコート一体型フイルムを使い、約850gと軽くモバイル型である。プリント時間約1分／L判と最速である。

P-S100（オリンパス）は一体型フイルムを用いた昇華型であり、オリンパスデジカメ「i：robe IR-500」なら指定の位置に置くだけでプリント可能である。プリント時間3分半／L判とやや遅い。

EasyShareプリンタードックPD-26（コダック）は一体型フイルムを用いる昇華プリンターであり、ケーブルなしでデジカメをプリンターに直接つなぐプリント規格「イメージリング」にも対応している。同社のデジカメLS755を乗せるだけでプリントできバッテリー充電もできる。約950gと軽量であり、プリント時間2分弱／L判である。

カメラ付きケータイ専用プリンターNP-1（富士写真フイルム）は気楽にいつでもどこでもケータイの撮影情報がプリントできるをコンセプトに開発されたもので銀塩インスタントフイルムに光学露光する方式である。R，G，B光を出すLED（発光ダイオード）と液晶シャッターを用い高感度フイルムに露光する。露光フイルムは搬送ローラー間で圧力を加えられ現像液がフイルム内で展開され画像が約24秒で現れる。新しい試みなのでこの分野の今後の展開に期待しよう。

第1章　デジタルプリンターの最新動向

4　産業／業務用プリンター

　個人用，業務用を含め写真調インクジェットプリンターの画質向上は著しくそれを支える技術は，記録メディア（受像紙）の改良，液滴の小粒径化，低濃度インクの併用（インク7色），画像処理によるハーフトーニングの最適化などでありこれらが一体となって写真調高画質プリントを作り出している。光沢のある写真調の好ましいプリントは記録メディアに依存する。フォト出力で使われるメディア受像紙の代表例として空隙型印画紙ベース光沢紙では最上層の光沢層が色材受容層であり，超微粒子無機白色顔料がバインダ樹脂と共に塗布されている。水性インク滴は，着弾すると顔料粒子間を厚さ方向に浸透して色材を顔料層に残し，溶媒は受容層の下の溶媒吸収層に吸われる。染料インクでは染料が無機顔料を包むバインダ樹脂を着色する形で発色しているが，最近開発された顔料インクでは，超微細化された顔料粒子（$0.1\mu m$以下）が樹脂コートされており，それが表面に残り画像を形成するので光沢ある画像を与える。また，印字のされない白色部と印字部の光沢差を無くすため白色部にグロスオプティマイザといわれる樹脂透明インクでコートして，全体画質向上を図ることも行われている。光やガスによる画像の退色に対しても考慮されており材料やプロセス的に対応がなされている。

　一方，昇華熱転写プリンターは，ビデオプリンターやDDCPで使われているように写真調画像の出力として用いられてきた。サーマルヘッドの熱量に応じ拡散染料転写量が制御される濃度諧調を与える数少ない方式である。受像紙は，印画紙ベースに酸化チタン白色層が塗布されその上にポリエステル等の染料受容層（光沢層）が塗布されている。C, M, Y 3色塗り分けられたドナーフイルムの染料層から熱拡散してきた染料分子はポリエステル樹脂層に拡散し染着する。したがって光沢ある写真調画像を与えるので医療用ビデオプリンター，プリクラプリンター，印刷用カラープルーフ等で実用化されている。業務用昇華型熱転写プリンターでもプリント速度が問題で高速昇華型プリンターが日本電産コパルから発表されている。解像度300dpi，10秒／L判である。

　印刷産業分野ではインクジェットプリンターが色々な形で使われている。カラープルーフ用には印刷色の標準ジャパンカラーに準拠した色再現で供給されるようになり普及が始まった所である。それはアドビ社のAcrobat7.0には枚葉印刷ジャパンカラー2001（コート紙と上質紙）および新聞用ジャパンカラー2002が搭載されジャパンカラーがこの分野で普及を始めたからである。印刷産業で使われるカラープリンターは電子写真光プリンターを含めジャパンカラー対応にすることにより印刷ワークフローの効率化に寄与するはずである。

　サイングラフィックスなどの分野で大型インクジェットプリンターがスクリーン印刷にとって代り大きく伸びている。代表例としてNovaJet（ENCAD-Kodak）は，大型高速インクジェット

7

プリンターでありサーマルジェットで染料と顔料水性インクを目的に応じ使い分けている。プリントメディアはコダックが提供している。最近は安い塩化ビニルに直接プリントできる溶剤型インクジェットが伸びてきた。また多種のプリントメディアにプリントするために紫外線硬化インク（UVインク）の実用化が始まった。溶剤型白色顔料インキの実用化をミマキエンジニアリングとローランド・ディー・ジーが発表したことは用途拡大につながっている。透明フイルムや色の着いた媒体に白色インクを用いることにより高画質描画が可能になる。

超高速インクジェットプリンターは連続方式のラインヘッドによる150m／分のPOD印刷機「VersaMark」（現Kodak）の本体はミヤコシが製造している。MJP600（ミヤコシーパナソニックコミュニケーションズ）は薄膜ピエゾヘッドを30個並べた600dpi 20inch幅の固定ラインヘッドを搭載し、水系顔料インクで40m／分でプリントする。ピエゾヘッドは1モジュールあたり100dpi、400ノズルで最小3 plの液滴の吐出が可能である。薄膜プロセスによるプリントヘッドの製作には今後が期待される。

その他ノーリツ鋼機－紀和化学によるMYTIS-1は分散染料インクによるインクジェット描画と加熱システムを組み合わせてポリエステルフイルムに画像形成するユニークなシステムである。このようにインクジェットシステムはインク材料と受像メディア材料の高機能化が今後の発展のキーになっていることが分かる。

業務用フルカラー複合機にデジカメプリント機能を加えた新マルチコピー機(富士ゼロックス)が発表された[1]。セルフサービスのデジカメプリント機能を搭載したプリンターはセブン－イレブン全店に導入されることになっている。インクジェットも昇華熱転写にしても写真調画像のデジカメ用プリンターとしてすでに発売されているところに電子写真レーザープリンターを投入してきた意図は、業務用デジカメプリンタに求められるプリントスピードにある。L判で30円、一枚目40秒、以後連続11枚／分である。電子写真トナー画像で写真調画像プリントを得るためにクリアすべき問題は、トナー粒子に由来するハイライトのザラツキ感と光沢にあるとしてその解決を目指している。

（1）写真品質の目標値の設定

市場で受け入れられる写真品質としての数値目標を得るために画像品質に対する想定顧客の官能検査と画質評価・画質設計技術に携わる社員の7段階カテゴリー法による評価を求め、表1の写真画質と見られる為の目標値を設定している。

表1 写真品質の調査値と開発目標値

	電子写真	銀塩写真（ミニラボ）	目標値
粒状性（カラー）	6	2.5	≤5.5
グロス（20° gloss）	40%	80%	≥70%
表面凹凸差	≥10μm	≈0μm	≤3μm
7段階評価	G3.0	G5.6	≥G4.0

銀塩写真と電子写真サンプルの品質上の差として粒状性に代表される「画質」と表面凹凸差に起因

第1章　デジタルプリンターの最新動向

するグロス（光沢）を含めた「面質」とにあるとしている。

(2) 画質の向上

最近では合成ケミカルトナーなどの導入により 6μm程度の粒径のそろったトナーが使われ粒状性が良くなっているが、更なる改善のためスクリーニングの見直し、ハイライト部での墨加刷での黒トナーの重畳を抑制して粒状性劣化をおさえ、転写によるドットのバラツキを無くすためのプロセス最適化をしている。

(3) 写真面質の実現

写真1にトナー画像の断面構造を示す。画像濃淡に応じ画像表面に凹凸段差があることが画像への意識集中の障害となり、これが写真画質評価を下げる原因であり、これをなくし銀塩印画紙やインクジェット、昇華熱転写のように均一樹脂層に画像がある様にすればよいと考え対策を検討している。トナーと親和性を持つ専用の樹脂コート紙と光沢ベルトを用いた冷却剥離定着装置（MACS）を開発している。カラートナーが転写された樹脂コート紙が高光沢ベルト表面と接しながら熱と圧力を加えるロール間を通り融着され、さらにコート紙を載せたベルトはヒートシンク部で冷却後コート紙がはがされプリントが得られる。この冷却剥離によりベルト表面の光沢性が画像側に写し取られる。写真2にMACS定着後の画像断面を示してある。トナーが樹脂コート層と一体化して銀塩写真に近い表面性になっていることが見て取れる。このデジカメプリントの達成レベルを数値で見ると、粒状性は4.9、グロスは80％、凹凸差は1.5μm、7段階評価はG4.0であり目標値を上回る結果となり、電子写真プリンターでもプリントスピードを維持しながら写真調プリントが出力できることが示された。金属光沢表面をプリント表面に写し取るアイデアは、水洗した写

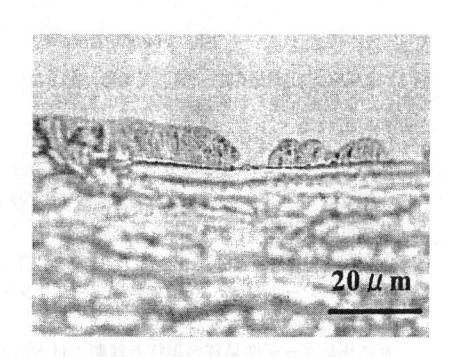

写真1　電子写真トナー画像の断面構造
　　　　定着トナーの凹凸

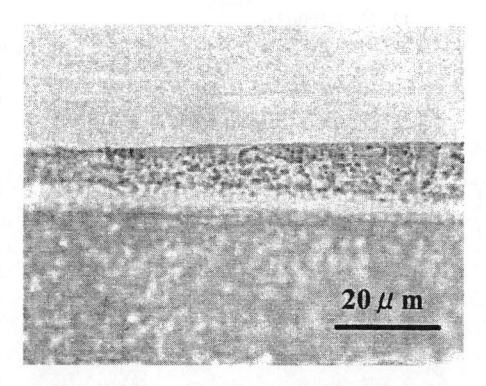

写真2　樹脂コート紙上でのMACS定着後の断面構造
　　　　樹脂コート層にトナーが浸入・融着

真印画紙のクロムメッキ板への貼り付け乾燥からの連想ではと考えられるが，古い技術が新しい形で応用されているとも見られるが，電子写真トナー画像で写真調を実現した画期的な方法といえる。

　高速オンデマンド印刷機（POD）によるカラーPOD市場の展開が期待されていながら，印刷画像とトナー画像の間に垣根があり必ずしも市民権を得ていないところに問題があると見られている。しかし，オフィス等で高画質トナー画像に接する機会が増えるにつれその垣根は下がりつつあるといえる。ハイエンドPOD機にはIndigo (HP) E-Print, Xeikon DCP, Xerox Docutech, iGen3, Nexpressなどがある。バリアブルプリントの特徴を生かした使い方がされており，各社ミドルエンドPOD機で市場拡大に努力している。印刷インキの画像性に迫るにはトナーの材料，機能の設計，定着法などにブレークスルーが求められている。

文　　献

1) 篠原浩一郎, 他：画像4学会合同研究会「フルデジタル化が進むイメージングワールド」予稿集p-11, 2004-12-3（東京工芸大）
本文記事の関連文献(Imaging Today)を以下に挙げる。
＊高速プレートレス・デジタルカラープリンティングの現状と将来を探る：日本画像学会誌（136号）, **40**, No.2 (2001)
＊プリンター画像品質の現状と課題：日本画像学会誌（137号）, **40**, No.3 (2001)
＊IT時代を担うインクジェットプリンター：日本画像学会誌（140号）, **41**, No.2 (2002)
＊最近製品化されたタンデムカラーレーザープリンターの技術動向：日本画像学会誌（146号）, **42**, No.4 (2003)
＊インクジェットプリンターの最新動向：日本画像学会誌（152号）, **43**, No.6 (2004)

第2章　印刷色の標準 ISO/Japan Color

髙橋恭介*

1　日本のオフセット印刷の色標準

　ISO/Japan Colorは，枚葉印刷，商業オフ輪印刷，新聞印刷等のオフセット印刷全般に対する日本の「印刷色の標準」であり，ISO規格に則りしかも日本の印刷産業の実情を満たしている色の標準である。オープンデジタル環境下での「色」情報のシームレス交換に不可欠な「色の基準」となるものであり，印刷標準化のためのツールになり，同時に印刷品質の均一化，生産性の向上，経費削減のためのものでもある。また印刷産業で使われる各種プリンターの色再現の基準になるものである。アドビ社のAcrobat Professional 7.0にもJapan Colorは搭載されており，ICCのWeb site にも SWOP，FOGRA（Euro Color）規格とともに掲載されている。

　現在，次の三つの Japan Color が制定されている。
・オフセット枚葉印刷用 Japan Color 2001（JC2001）
・オフセット輪転印刷用（商業オフ輪用）Japan Color 2003（JCW2003）
・オフセット新聞印刷用 Japan Color（JCN2002）

　国際規約により標準は1国1標準である。米国の「SWOP」，ヨーロッパの「Euro Color」はいずれも印刷の標準色であり，ISO規格を満たしている。欧米の顧客は，特殊な場合を除き，一般的にこれら標準の範囲内で印刷物が仕上がればよいとしており，共通のツールとしてこれらの印刷色標準が使われている。日本では「Japan Color」になる。

2　何故印刷色の標準が必要か

　カラー原稿からカラー印刷物を作る工程の中間で使われる様々な技術は，カラー情報をそれぞれ担ってはいるが仮の姿である。紙とインキにより再現される印刷色(物)が実の姿であり，最終結果の印刷色がこれら中間の技術全てを支配しており，印刷色をターゲットに技術と情報の流れが構築されている。作業者は，中間工程での仮の姿のままでは不安感を持ち，その実像を途中で確認したくなる。しかも，印刷色は紙とインキにより無限の色が再現できるので再現色の比較

---

*　Yasusuke Takahashi　東海大学名誉教授

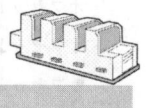

なり評価をするためには，基準なり標準となる印刷色が必要になる。

それを少し具体的に印刷デジタルワークフローや電子送稿運用での色の問題で示す。先ず，デザインの段階で最終印刷物の色が予測できない。印刷の前工程で出力，確認する色が統一されていないのでばらばら。最終印刷物の色が印刷前工程で確認した色と異なる。同じデータを異なる印刷会社で印刷した場合印刷物の色が異なる。データと印刷会社に渡されるプルーフで色が異なる場合があり，印刷工程での色調整負荷が大きいなどの問題が起きており，これらはいずれも印刷における色標準が不明確であることに起因しているものである。

以上のような問題を解決するためには図1に示す様に印刷ワークフロー全体の色再現を統一する色の基準がなければならない。それが日本における標準的な印刷色の標準Japan Colorであり，カラーマネージメントによりどこでも同じ色を見ることができ，再現させることができるようになる。また，カラーデジタルデータを伝送して受信先で印刷される，いわゆるデジタル送稿の場合，送稿側と受信（印刷）側で共通の印刷色（標準）を持たないとこのシステムは成り立たない。全国共通で使えるオーソライズされた共通の印刷色の標準がJapan Colorである。

図1 印刷ワークフローにおける統一色標準とカラーマネジメント
印刷工程において，企画・デザイン工程から最終印刷工程までどこでも同じ色（印刷工程では最終印刷物の色）を再現させることが必要。
様々なデバイス（モニタ，プリンタ）同士や，印刷物との色合わせが誰でも簡単に素早く行えること。（巻頭カラー参照）

第2章 印刷色の標準 ISO/Japan Color

3 Japan Color はどのように決められるのか

3.1 検討委員会の構成は

　ISO/TC130（印刷技術）が扱う国際規格の国内審議機関である ISO/TC130 国内委員会と㈶日本規格協会，㈳日本印刷学会，㈳日本印刷産業機械工業会，㈳日本印刷産業連合会，日本製紙連合会，印刷インキ工業会，㈳日本新聞協会，広告業界（広告代理店）等の各団体の協力により対応する Japan Color 検討委員会に対して委員が派遣される。具体的には印刷会社，印刷機械メーカー，感材メーカー，システムベンダー，製紙メーカー，インキメーカー，広告代理店（オフ輪用と新聞用に参加），新聞社（新聞用のみ）等から委員が派遣され，これら印刷産業に関わる人々の合意の下に Japan Color は決められたものである。

3.2 制定の手順は

　先ず，標準印刷用紙を決める。ISO12647の標準用紙規格と日本で実用的に最も多く使われているなどの条件が考慮され，日本製紙連合会の協力により市販の用紙の調査，計測データを基に対応標準用紙とその規格を決めた。

　次に，標準インキを決める。各インキメーカーの代表的対応プロセスカラーインキについて展色，計測しISO2846の規格値を考慮して印刷インキ工業会の協力により標準インキとその規格値を決めた。

　次に，印刷条件を設定する。日本の印刷会社の実情や印刷機メーカーからの提案，ISO12647などを考慮して対応する印刷のC，M，Y，K各色のベタ濃度とドットゲインを設定した（新聞用は新聞社30社のテスト印刷から求めた）。

　これで標準用紙と標準インキ，印刷条件が決まったのでこれらの物を用い，この条件をターゲットに標準チャートを使い対応する本機印刷により標準印刷物を作成する。

　図2に示すJapan Colorチャートの上段のチャートは国際的に広く使われている印刷色プロファイル用ISO12642（IT8.7/3）チャート（928色）と印刷コントロール用ISO12647チャート（網点10％刻み）（80色）をベースにしている。ISO12642の928色では日本の印刷事情に対して色が不足しているとの関連業界の要望を入れ肌色，グレー等の色を含むチャートを新たに設計したものを下段に示す。枚葉印刷用Japan Color2001では上段のみであるが，下段の追加チャートは商業オフ輪用では，603色，新聞用では，983色であり印刷色プロファイルの充実を図っている。この標準チャートを用い対応する本機印刷を行いC，M，Y，K各色とも印刷ターゲット値を許容値内で満たしている印刷物をサンプリングして標準印刷物とした。

　これら標準印刷物を計測して各色ベタおよび50％網点部の標準印刷物色特性値（CIELAB値）

13

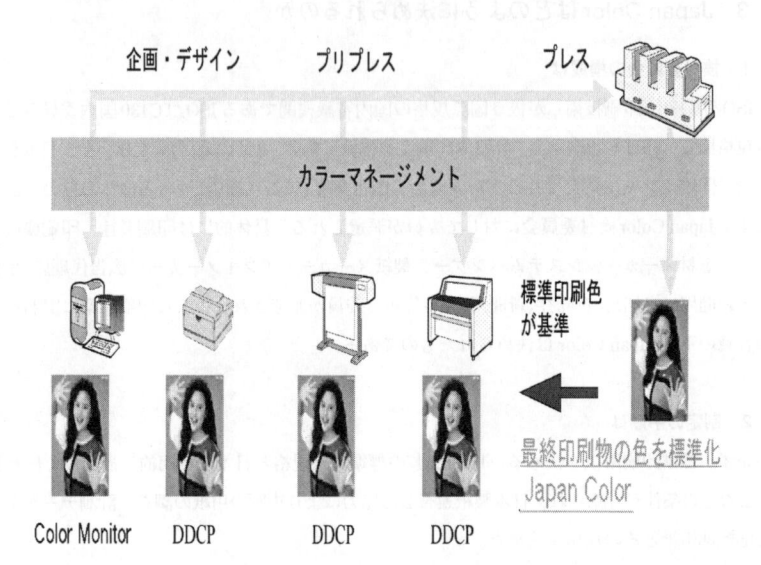

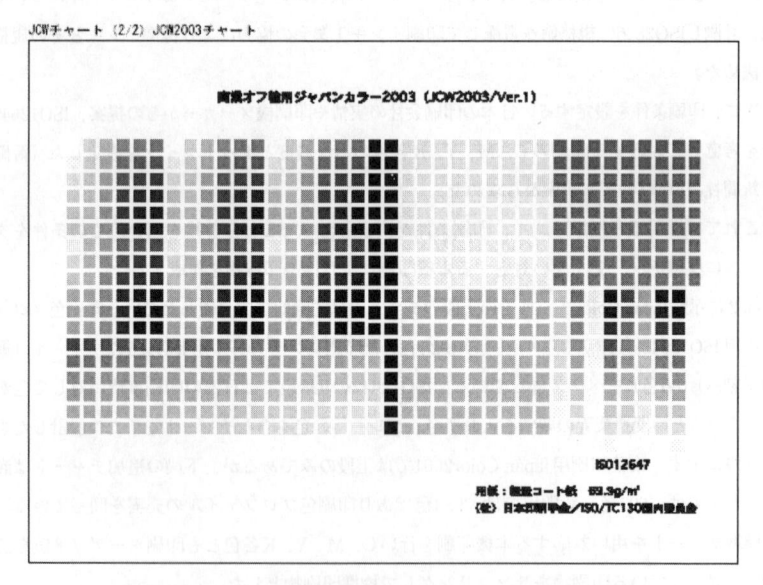

図2 Japan Color本機印刷で使われるチャート。ここではオフ輪用Japan Color（JCW2003）で使われたチャートを例として示す。
（巻頭カラー参照）

第2章　印刷色の標準 ISO/Japan Color

を決めている。また、全チャートの各パッチのC, M, Y, Kの網パーセントに対応する色彩値(CIELAB値、XYZ値)を求め標準カラープロファイルデータを作成する。この様にJapan Colorは印刷基準で作られたオフセット印刷における印刷色の標準である。

3.3　Japan Color の内容は

これまで述べた手続きにより標準インキ、標準用紙、標準印刷物に関する各色特性値が決まって各Japan Colorキットが作られており、それらには以下のものが含まれている。

(1)　オフセット枚葉印刷用 Japan Color 2001 (JC 2001)

・解説書

4種標準用紙、標準インキ、4種標準印刷物の各標準色特性値、各印刷条件、ISO12647階調ステップのドットゲイン特性、各諧調ステップのCIELAB値、ベタ色CIELAB値のa^*–b^*投影図、ISO12642チャートの928色各パッチの測色値などが記載されている。各パッチの構成網%と印刷色(CIELAB値)が対応している。

・4種類の標準印刷用紙による色標準印刷物各1部(計4枚)。

用紙4種は、アート紙、マットコート紙、コート紙、上質紙である。図2の上段のISO12642とISO12647のチャートが印刷されている。

・CD-ROM

用紙4種類のISO12642チャート(928色)の各印刷物測色データ($L^*a^*b^*$値およびXYZ値)とそれらのICCプロファイル、及び印刷画像(チャート)のC, M, Y, K各デジタルデータが含まれている。

(2)　オフセット輪転印刷用(商業オフ輪用) Japan Color 2003 (JCW2003)

・解説書

標準用紙(軽量コート紙)、標準インキ、標準印刷物の各標準色特性値、印刷条件、図2のJCWチャート(上段のISO12642, ISO12647と下段の追加チャートJCW2003チャートから構成される)全パッチの印刷物測色データ($L^*a^*b^*$値、XYZ値)が網点構成%に対してなどが記載されている。

・軽量コート紙標準印刷物(2枚)

図2のJCWチャートが印刷されており、計測を考え上段図1枚、下段図1枚にしてある。

・CD-ROM

測色データ(ISO12642チャートおよびJCW2003チャートの網点%構成と対応測色値)とJCWチャートの画像データが入っている。

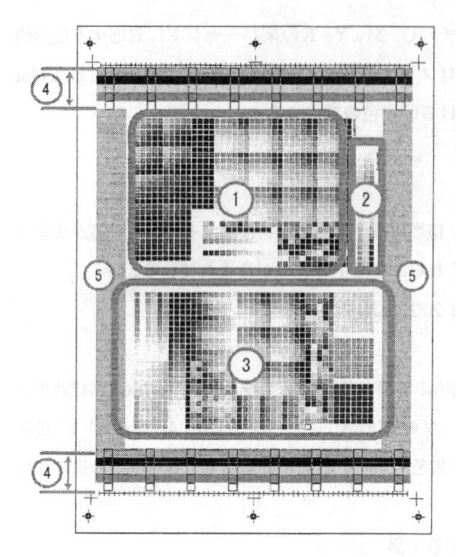

① ISO12642チャート（928色）
② ISO12647チャート（80色）
③ JCN2002チャート（983色）（追加チャート）
④ 上下のベタ帯（各5色）
⑤ 左右のグレー帯―印刷時のインキを平準化するための4色等量（25%）の平網

図3　新聞用JCNチャート
（巻頭カラー参照）

（3）　オフセット新聞印刷用 Japan Color 2002（JCN2002）（新聞用ジャパンカラー2002）
・解説書
　標準用紙，標準インキおよび標準印刷物の標準色特性値（規格値）と新聞用輪転機での印刷条件（ドットゲインとベタ濃度），図3のJCNチャートの全パッチ印刷物測色データなどが記載されている。
・CD-ROM
　図3 JCNチャートの全パッチ測色データとJCNチャート画像データが入っている。
・JCNカラーターゲット（二次標準）
　標準印刷物（一次標準）を添付することは，印刷色標準の実運用上重要なことであるが，新聞印刷では，用紙変色のため印刷後の1週間程度しか保証されないので標準印刷物をキットに添付することができない。しかし，実運用上，JCNカラーを体現した物（カラーハードコピー）が必要なので，図3のJCNカラーチャートを体現したハイエンドDDCPを作成し，JCNカラー出力ターゲットとした。JCNカラーチャートの印刷物測色値が一次標準であり，これを平均色差 $\varDelta E < 2$ で再現した経時変化のない，再現安定性のある二次標準であり，実運用上この二次標準DDCPがワークフロー運用の要になる。現在，解説書，CD-ROMキットとは別売りになっている。

第 2 章　印刷色の標準 ISO/Japan Color

Japan Color標準印刷物色特性a*-b*平面

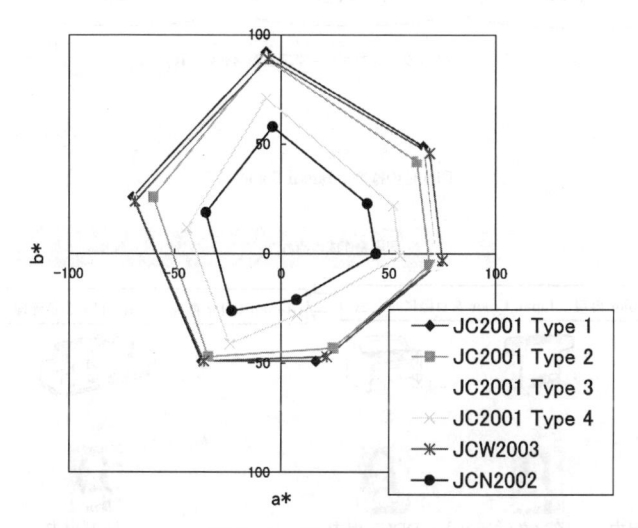

図 4　Japan Color　ガマット図
Type 1：アート紙，Type 2：マットコート紙，Type 3：コート紙，Type 4：上質紙
（巻頭カラー参照）

　以上がJapan Colorキットの中身であるが，各Japan Color色特性のガマット図を図 4 に示す。色再現範は，新聞用が最も小さく，上質紙，マットコート紙の順でありアート紙，コート紙，軽量コート紙では余り差がない。印刷方式より印刷用紙の影響が大きいことが分かる。

3.4　Japan Colorの利用，運用は

　Japan Colorは，各網％と再現印刷色の関係を示しているのでフイルム出力（CTF）にも版直接出力（CTP）にも適応される。図 5 に示すようなJapan Colorを基準にしたオープンな色管理フローを構築して運用すれば印刷前工程において最終印刷物の色確認が可能になり，印刷会社内での各工程および異なる印刷会社間での色のバラツキを軽減することができ，また印刷会社に持ち込まれるプルーフ色が統一されることにより最終印刷工程での色調整の負担を軽減することが可能になるなどメリットは大きい。特に印刷の標準化には印刷機をJapan Color出力となるよう調整しておくことが品質管理上有効になる。さらに現在，ISO/TC130国内委員会が中心となり印刷産業用カラーモニタースペック検討委員会が活動しておりモニター標準化の検討を行っている。
　Adobe Acrobat 7.0 ProfessionalにはJapan Color 2001 Uncoated（上質紙）と Japan Color 2001

17

最新プリンター応用技術

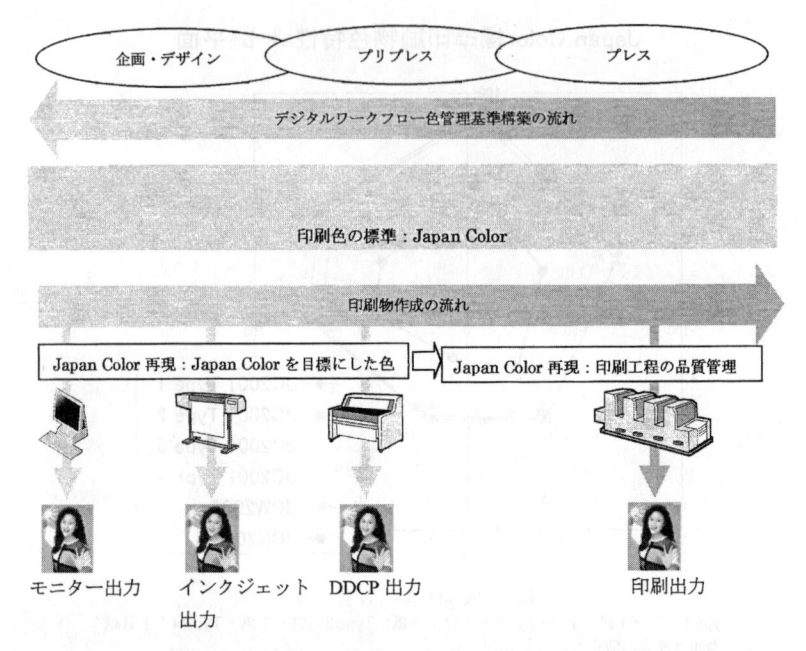

図5 Japan Colorによるオープン色管理フローの構築と運用

　Coated（コート紙）としてプロファイルが追加されている。アドビ社のコメントによると今後はJapan Color 2001を使ってほしいと述べている。例えば，Japan Color 2001 Coatedを使って分解された画像データを出力する場合，プリンター設定でJapan Colorコート紙を選べばJapan Colorを基準に標準化された印刷機の出力と近似するはずと述べている。さらに，新聞用ジャパンカラー Japan Color 2002が登載されている。この様に，企画・デザインからプリプレス，プレスの全工程がJapan Colorにより色の統一がなされ，シームレスカラーワークフロー構築が可能なことが示されたことになる。

　参考：ジャパンカラーキットは，全て市販されているので記事に対する質問を含め下記に問い合わせられたい。

　㈳日本印刷産業機械工業会内 ISO/TC130国内委員会事務局

　　TEL：03-3434-4661　　FAX：03-3434-0301

　またGraphic Technology（印刷技術）における標準化－ISO/Japan Colorなる解説パンフレットが無料配布されている。

第3章 電子写真機器開発における
シミュレーション技術

日高重助[*]

1 はじめに

電子写真システムの設計にコンピュータシミュレーションが有益な情報を与えるようになった。電子写真システムは (a) 感光体の均一帯電, (b) 露光, (c) 現像, (d) 転写, (e) 定着ならびに (f) クリーニングの5つの主要プロセスから成るが, それぞれのプロセスあるいは課題によりシミュレーション方法が異なる。一般に, (a) と (b) のプロセスでは電位分布に関する数値シミュレーションなどが主体であるのに対して (c) ～ (f) のプロセスでは電磁界の解析に加えて帯電トナー粒子の挙動に関するシミュレーションが必要である。そこで, ここでは帯電トナー粒子群の運動挙動のシミュレーション方法である粒子要素法 (Particle element method, PEM) の解説を加えながら帯電粒子が関与する電子写真プロセスのシミュレーション技術について述べる。

2 粒子要素法シミュレーション

2.1 粒子要素法の基礎的考え方

一般に, 粉体流れのシミュレーション法としては, 差分法や有限要素法のような連続体力学に立脚する方法と粉体を構成する粒子を要素として離散的に計算する粒子法とがある。ここ10年の間に, 粒子法の一つである粒子要素法[1] (Particle element method, PEM) または個別要素法 (Distinct element method, DEM[2]) が粉体挙動のシミュレーションに盛んに用いられ, 大きな成果を挙げている。粒子要素法のシミュレーション原理は次の通りである。

いま, 図1に示す粒子群が矢印の方向に流動しているとしよう。このとき, 流動粒子群の中のある一個の粒子に着目すると(図1b), この着目粒子は周りの粒子から接触点を通じて作用力を受け, それによって運動している。したがって, 周りの粒子から受ける刻々の接触力Fを知ることができるなら, 質量mを持つ着目粒子の挙動はNewtonの運動の第二法則 ($F=ma$) にも

---

* Jusuke Hidaka 同志社大学 工学部 物質化学工学科 教授

流れの方向

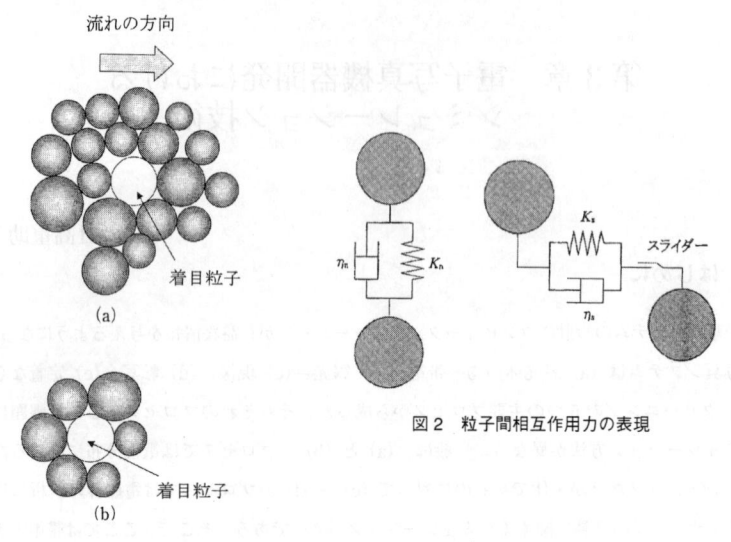

着目粒子
(a)

着目粒子
(b)

図1　流動粒子群

図2　粒子間相互作用力の表現

とづく運動方程式で表すことができる。このときFとmは分かっているから，初期条件のもとに運動方程式を解くことができ，粒子の加速度aが得られる。得られた加速度を時間で積分すると粒子の速度vが，さらに積分すると変位uが得られ，流動している粒子群中の着目粒子の運動軌跡を知ることができる。この方法を流動しているすべての粒子に適用して粒子群の運動軌跡を得るなら，粒子群全体の刻々の流動挙動がシミュレートできることになる。

このシミュレーション方法で，まず問題になるのは着目粒子周りの複数の接触点から作用する力Fを知ることである。流動粒子群は近接粒子と衝突や摩擦を繰返しながら流動している。そのときの粒子の接触は弾性的であったり，非弾性的であったりするだろう。そこで粒子要素法では，接触点における作用力を図2に示すバネとダッシュポットモデルで表現する（このモデルはレオロジーの分野でVoigtモデルと呼ばれる）。この接触力はいろいろな方向に作用するので，計算の便宜上，接触2粒子の中心方向(法線方向)成分とそれに垂直な剪断方向成分に分ける。とくに剪断方向には，粉体粒子で大切な摩擦相互作用を考慮するために摩擦スライダーが挿入されている。

このとき，質量mを持つ2粒子間の接触力による粒子の並進変位uと回転変位ψ，バネの弾性定数をK，ダッシュポットの粘性係数をηとすると次式で表される。

第3章　電子写真機器開発におけるシミュレーション技術

$$m\frac{d^2u}{dt^2} + \eta_n\frac{du}{dt} + K_n u = 0$$

$$I\frac{d^2\psi}{dt^2} + \eta_s r^2\frac{d\psi}{dt} + K_s r^2\psi = 0 \tag{1}$$

ここで，Iは慣性モーメント（$=\rho_p\pi r^4/2$），ρ_pは粒子密度，rは粒子半径であり，添え字n, sはそれぞれ法線および剪断方向を示す。粒子間相互作用力の表現に用いるモデルに含まれるパラメータKとηはHertzの弾性接触理論[3]にもとづいて粒子の材料特性から算出できる。

一般の粉体では，一個の粒子のまわりには多数の粒子が接触しているので(図1)，それら個々の接触点に対して式 (1) が成立し，着目粒子の運動を知るには接触点数と同じ数の方程式を連立して解かなければならない。この困難を避けるために，実際の計算では，次式のように時間増分Δtで差分近似して計算する。

$$m[\ddot{u}]_t = -\eta_n[\dot{u}]_{t-\Delta t} - K_n[u]_{t-\Delta t}$$

$$I[\ddot{\psi}]_t = -\eta_s r^2[\dot{\psi}]_{t-\Delta t} - K_s r^2[\psi]_{t-\Delta t} \tag{2}$$

したがって，新しい時刻tにおける加速度$[\ddot{u}]_t$は，時刻Δtだけ前の速度$[\dot{u}]_{t-\Delta t}$と変位$[u]_{t-\Delta t}$から得られ，この加速度を時間で積分すると，新しい時刻tにおける速度$[\dot{u}]_t$と変位$[u]_t$が得られる。この計算を時間刻みΔtで繰り返すと，粒子の運動軌跡が得られる[1]。

2.2　電磁場内での粒子間相互作用力の表現

キャリアー粒子を用いる二成分現像剤の流動挙動のシミュレーションには，前述の粒子間接触力に加えて，キャリアー粒子が電磁場内で受ける磁気的相互作用力を考慮しなければならない。この磁気的吸引力は円形粒子要素を用いる二次元シミュレーションでは次のように表される。

外部から作用する静磁場内に置かれた現像剤中のi番目の粒子（図3a）への磁気力F_iと回転モーメントN_iはそれぞれ次式で表される。

$$F_i = (m_i\nabla)B_i, \quad N_i = m_i B_i \tag{3}$$

21

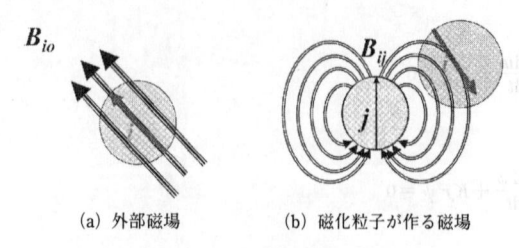

(a) 外部磁場　　(b) 磁化粒子が作る磁場

図3　磁気相互作用力

式中の磁気双極子モーメント m_i は次式で与えられる.

$$m_i = \frac{4\pi\mu - 1}{\mu_0 \mu + 18} d_i^3 B_i \tag{4}$$

ただし, a_i は i 粒子の直径, μ_0 は真空の透磁率, μ は粒子の透磁率, B_i は i 粒子の位置における磁束密度である. 磁束密度 B_i は外部磁場による磁束密度 B_{io} と外部磁場により磁化した i 粒子の周りにある N 個の他粒子 j が作る磁界による磁束密度 B_{ij} を重ね合わせた次式で表される.

$$B_i = B_{io} + \sum_{j=1(j \neq i)}^{N} B_{ij}$$

$$B_{ij} = \frac{\mu_0}{4\pi} \left[\frac{3(m_i r_{ij})}{|r_{ij}|^5} r_{ij} - \frac{m_j}{|r_{ij}|^3} \right] \tag{5}$$

ここで, r_{ij} は i, j 2粒子間の距離である.

式 (4), (5) により磁束密度 B_i を求めるには膨大な計算を必要とするので, とくに厳密な計算を要しない場合は, 式 (4) の B_i は B_{io} で近似されることもある. したがって, 式 (3) の作用力 F_i を外部磁場による力と磁化した他粒子による力 (図3b) に分けて表すと次式となる.

$$F_i = (m_i \nabla) B_{io} + \sum_{j=1(\neq i)}^{N} (m_i \nabla) B_{ij} \tag{6}$$

2.3　帯電トナー粒子に作用する静電気的相互作用力

帯電トナー粒子に作用する静電気的相互作用力として, 物質間に作用するVan der Waals力に加えて粒子間にクーロン力, 粒子と装置壁間に鏡像力が働く. 粒子間クーロン力は次式で与えられる.

第3章 電子写真機器開発におけるシミュレーション技術

$$F_c = \frac{1}{4\pi\varepsilon_0} \frac{q_i q_j}{r_{ij}} \tag{7}$$

ここで, $q_{i,j}$ は粒子 i あるいは j の帯電量, r_{ij} はトナー粒子 i と j の粒子間距離, ε_0 は真空の誘電率である。鏡像力としては, 帯電トナー粒子と逆極性の電荷を有する鏡像粒子間のクーロン力を与えた。例えば, キャリアー粒子とトナー粒子(帯電量 q, 粒子径 d_p)の付着力は, キャリアー粒子内にトナーの電荷量に等しい逆符号の電荷量を持つ鏡像を考えて次式により与えられる。

$$F_i = \frac{q^2}{4\pi\varepsilon_0 (d_p/2)}$$

一方, 5μm 程度のトナー粒子では Van der Waals 力が帯電トナー粒子に作用するクーロン力に比べて無視できない程度に大きな値となる。粒子径がそれぞれ d_i, d_j である2粒子間に作用する Van der Waals 力は次式で与えられる。

$$F_w = \frac{A}{12z^2} \frac{d_i d_j}{d_i + d_j}$$

ただし, A は Hamaker 定数であり, z は粒子表面の分離距離であり, 密な接触では 0.4nm が用いられる。

3 電子写真プロセスのシミュレーション例

3.1 粉体トナー粒子帯電挙動のシミュレーション

トナー帯電特性や粒子間静電相互作用力の影響が大きい現像部でのトナー流動挙動のシミュレーションには, 電子写真システム内で刻々変化するトナー帯電量の正確な予測が必要である。しかし絶縁体である高分子粒子の接触帯電機構が十分に明らかでなく, 現像部内で流動するトナーの帯電量を正確に予測することは非常に難しい。しかし最近では, 分子軌道法(図4)あるいは分子動力学シミュレーションを利用して高分子物質の帯電挙機構の理解あるいは実験的に得た帯電量予測式にもとづくトナー粒子の帯電挙動のシミュレーションが行われ, 希望のトナー帯電特性を有するトナーの化学組成の設計を目指す研究が精力的に行われている。

3.2 非磁性一成分現像システムにおけるトナー流動挙動

図5は非磁性一成分現像機におけるトナーの流動ならびに薄層形成挙動のシミュレーション

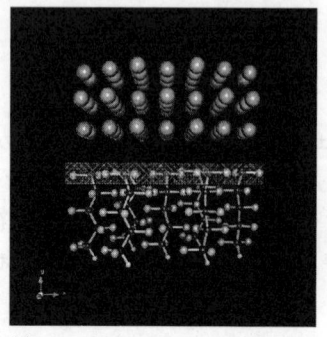

(a) アルミニウムとテフロンの衝突接触

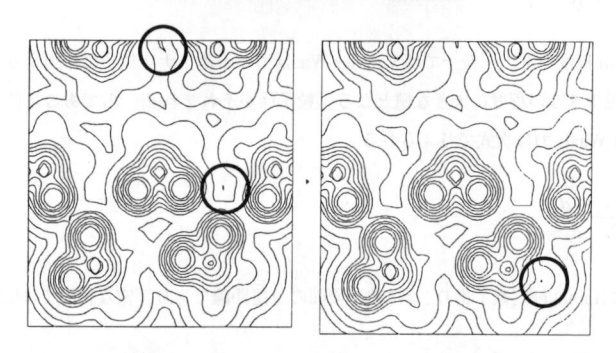

衝突前   衝突後
(b) 衝突接触前後の電子密度（○印付近の電子密度が変化している）

図4　DV-Xα分子軌道法によるアルミニウムとテフロン粒子の衝突における電子の移動状態の計算例

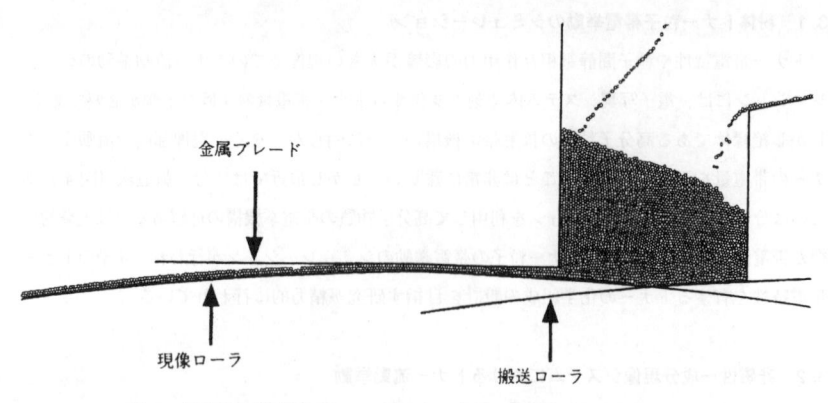

金属ブレード

現像ローラ　　　搬送ローラ

図5　非磁性一成分現像機におけるトナー薄層形成挙動のシミュレーション

第3章　電子写真機器開発におけるシミュレーション技術

である．トナータンクから供給されたトナーは，トナー搬送ロールからの作用力を受けて現像ロールとブレードの間隙を通過し，現像ロール上にトナー薄層を形成する．現像ロールとブレードの間を通過する過程で，トナーはロールやブレードと接触して帯電する．実際の装置では，現像ロールと搬送ロールは離れているが，計算に必要な粒子数をできるだけ少なくするために2つのロールをオーバーラップするほどに近づけて異なる回転数で独立に回転させている．

図6は金属ブレードの押し付けの強さと現像ロール上に形成されるトナー薄層の厚さの関係である．金属ブレードの押し付け強さが増大するにつれて層厚が低下し，次第に一定値に収束する傾向は実験的知見とよく一致している．現像および搬送ローラの回転数，材質や摩擦係数，ブレードの形状ならびに材質や摩擦係数，トナーの帯電特性を変化させて現像ローラ上に形成される薄層の厚さとその安定性を検討することができる．

3.3　二成分現像システムにおける磁気ブラシの形成挙動[4]

つぎに，二成分現像機内でマグネットブラシを形成しながら流動する現像剤の様子をシミュレートする．図7は磁気ロールのN極で穂立ちを形成し，磁力線に沿ってその穂立ちが変化する様子を示している．図(a)は実験装置で撮影した磁気ブラシの挙動であるが，両者は非常に良く一致しており，前節で述べた電磁場での粒子間相互作用力を考慮することにより二成分現

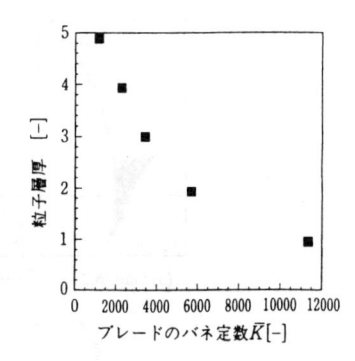

図6　ブレード荷重と粒子層厚の関係
（縦軸は厚みを粒子個数，ブレード荷重はブレードへの作用力を決めるバネ定数で表している）

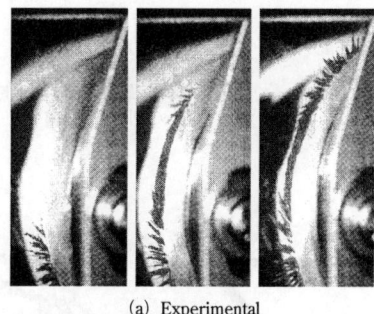

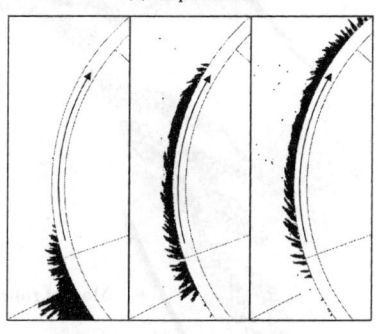

(a) Experimental

(b) Simulated

図7　磁気ブラシ形成挙動

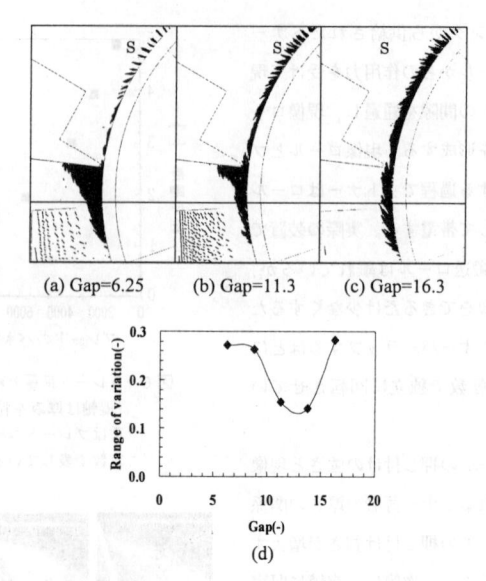

図8 感光体とブレードの間隔と現像剤の供給安定性
(a) ギャップ小 (b) 最適 (c) ギャップ大 (d) 現像剤供給量の変動

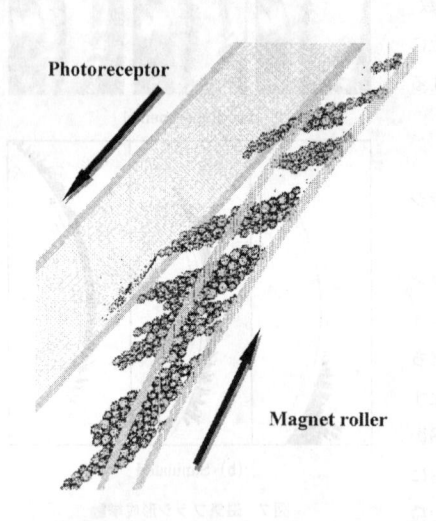

図9 現像剤搬送挙動の3Dシミュレーション

像剤の流動挙動のシミュレーションが可能であることが分かる。図8はブレードとマグネットローラとのギャップ間隔が現像剤の供給安定性に与える影響を検討した結果である。ギャップが狭い場合(図a)はマグネットローラ上に形成する穂立ちが間欠的になり,逆に広すぎる場合(図b)は穂立ちの高さが不ぞろいになる傾向がある。

図9はマグネット(Mg)ロールにより感光体へ搬送される現像剤の3次元シミュレーションであり,図10は長方形の静電潜像を現像した画像である。図(a)はキャリアー粒子の電荷がリークする場合,(b)は電荷のリークが無

第3章 電子写真機器開発におけるシミュレーション技術

い場合である。リークが無い場合は,感光体ドラムの静電潜像に付着したトナー粒子がキャリアー粒子の静電気力によって再び引き付けられて剥ぎ取られるために,キャリアー粒子群を通じて電荷が流れる場合の画像が均一である。

本シミュレーションにより,現像剤への作用力と現像剤の供給安定性に及ぼす規制ブレード,磁極位置など種々のパラメータの影響ならびに現像特性を明らかにすることができる[4]。

3.4 トナー粒子のクリーニング

図11は有限要素法と粒子要素法のハイブリッドシミュレーションによる感光体上粉体トナー粒子のクリーニング挙動のシミュレーションである。クリーニングブレードの材料特性,粉体トナー粒子の表面および帯電特性,感光体表面の摩擦特性とクリーニング性能の関係を明らかにすることができる。

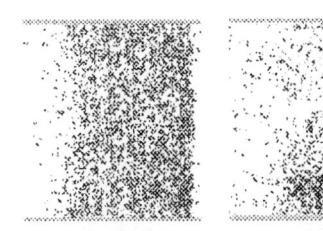

(a) 電導性キャリアー　　(b) 絶縁性キャリアー

図10　長方形画像の現像シミュレーション

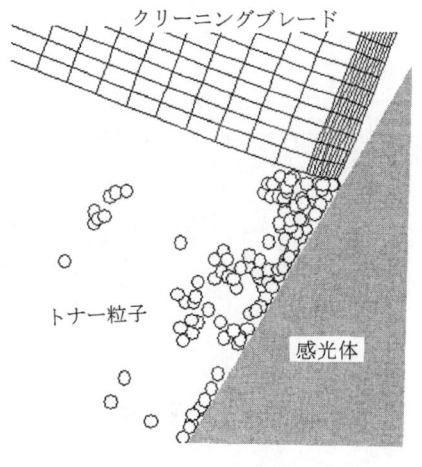

図11　クリーニング挙動のシミュレーション

文　　献

1) 粉体工学会編,粉体シミュレーション入門,産業図書,p.29 (1998)
2) P. A. Cundall and O. D. L. Strack, A Discrete Numerical Model for Granular Assemblies, *Geotechnique*, 29, No.1, 47 (1979)
3) S. P. Timoshenko and J. N. Goodier, "Theory of Elasticity", p.409, McGraw-Hill (1970)
4) 日高重助他,電子写真システムにおける二成分現像剤流動挙動のシミュレーション,粉体工学会誌, **37**, 672-679 (2000)

【オフィスプリンター編】

【大トでストでリべン一訳】

第1章 IPSiO Colorレーザープリンタ

佐藤眞澄[*]

1 はじめに

2001年2月に発売されたIPSiO Color 8000は，これまで印刷速度及び価格が大きなネックであったカラープリンタ分野において，定価58.8万円の低価格でありながら当時クラス最高速のカラー28ppm／モノクロ38ppmの印刷速度という圧倒的なパフォーマンスを達成し，一般オフィスへのカラープリンタ導入へ大きな影響を与えた機種である。本機はモノクロプリンタ置き換え＝BC変換（Black to Color）を狙った最初の機種であり，その後多くのシリーズ機を誕生させている。本稿では，IPSiO Colorレーザープリンタとしてこの8000シリーズにスポットをあて紹介する。

カラープリンタがモノクロプリンタを置き換えていく（BC変換）ためには，

① カラー高速化（モノクロ同等の生産性）
② 省スペース化
③ 低コスト（イニシャルコスト，ランニングコスト）
④ アプライアンス性の向上（操作性，ウォームアップタイム，等）
⑤ 高信頼性（モノクロプリンタ同等の耐久性と画質安定性）

といったスペックが重要である。

IPSiO Color 8000では，「斜め搬送直接転写方式」，「小型レーザービーム書込み光学系」，「粉体ポンプによるトナー補給方式」，「ベルト定着方式」，「自動位置合わせ制御」，「小径ビーム2値書込みプロセス」，「高耐久感光体ユニット」等の多くの新規技術を搭載し，BC変換のコンセプト達成を狙った。以下，これらIPSiO Color 8000に搭載している新規技術について，概要を解説する。

---

[*] Masumi Sato ㈱リコー 画像システム事業本部 エンジン開発センター エンジンPF開発室 PF開発2グループ グループリーダー

表1 IPSiO Color 8000 製品仕様

項目		IPSiO Color 8000
方式		半導体レーザー＋乾式2成分電子写真方式
連続プリント速度	フルカラー	28ppm(A4横送)*1、14ppm(B4)、14ppm(A3) 28ページ(A4横送):両面印刷時
	モノクロ	38ppm(A4横送)*2、18ppm(B4)、18ppm(A3) 38ページ(A4横送):両面印刷時
ファーストプリント	フルカラー	12秒以下(標準トレイにてA4横送印刷時)
	モノクロ	9秒以下(標準トレイにてA4横送印刷時)
解像度		1200×1200dpi/1200×600dpi/600×600dpi
用紙サイズ	標準	トレイ1:A4横送 トレイ2:A3縦送、B4縦送、A4縦送/横送、B5縦送/横送、A5横送、11×17in縦送、LG縦送、LT縦送/横送 手差し(標準):A3〜はがき、不定形サイズ(幅90〜305mm×長さ148〜458mm)
	オプション	500枚給紙テーブル、1000枚給紙テーブル:A3縦送、B4縦送、A4縦送/横送、B5縦送/横送、A5横送、11×17in縦送、LG縦送、LT縦送/横送
用紙厚		給紙トレイ/増設トレイ:64〜104g/㎡(55〜90kg) マルチトレイ:64〜155g/㎡(55〜135kg)
給紙量	標準	トレイ1、2:普通紙/550枚*6×2 手差し:普通紙/100枚*7、OHP/50枚、官製はがき/40枚
	オプション	500枚給紙テーブル:550枚*6 1000枚給紙テーブル:550枚*6×2段 2000枚給紙テーブル:2000枚×1段 ※いずれか1つのみ増設可
	オプション	2000枚フィニッシャー タイプ8000 *8 4ビンプリントポスト タイプ8000 ※いずれか1つ増設可能
最大給紙量		3,200枚
排紙量		フェイスダウン:500枚*9 (A4横) フェイスアップ:100枚*9 (A4横) 2000枚/A4(フィニッシャー追加時) 1000枚/A4(4ビンプリントポスト追加時)
耐久力		150万枚または5年のいずれか早いほう
電源		100V、50/60Hz
消費電力		最大:1,200W以下 省エネモード時:20Wh以下 予熱モード時:200Wh以下
ウォームアップタイム		約119秒以下(常温23℃・定格電圧)、 予熱モード時:30秒以下
大きさ	本体	575(W)×678(D)×715(H)mm
	オプション	575(W)×678(D)×872(H)mm (500枚給紙テーブル追加時) 575(W)×678(D)×970(H)mm (1000枚/2000枚給紙テーブル追加)
重さ		83kg以下(本体のみ)
騒音		55dB(A)以下(稼動時:本体のみ)、39.9dB(A)以下(待機時)、21dB(A)以下(省エネモード時)
CPU		RM7000-300MHz (64bit RISC)
メモリ 標準/最大		32MB/384MB
ページ記述言語		RPCS
エミュレーション(オプション)		Adobe PostScript3、RP-GL/2(DJ650Cエミュレーション)←カラー出力可能 RPDL、R55(5577)、RTIFF(TIFF)、R16(ESC/P)、R98(201H)←モノ

2 製品概要

シリーズ機の初代であるIPSiO Color 8000の主要スペックを表1に示す。印刷速度，解像度，大きさ等，当時のカラープリンタではトップクラスのスペックになっている。

第1章　IPSiO Color レーザープリンタ

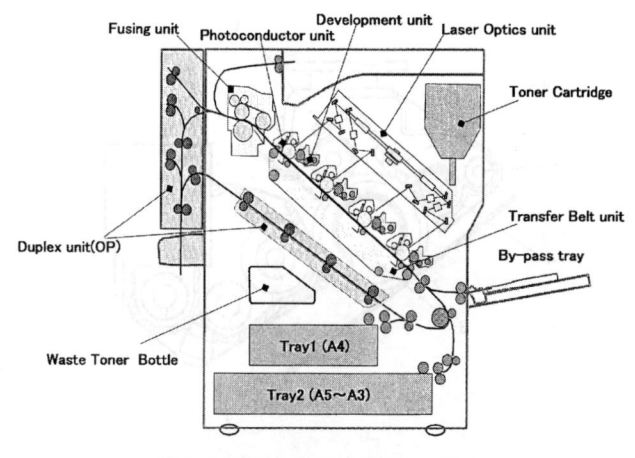

図1　IPSiO Color 8000 作像部レイアウト

3 主な特徴と主要搭載技術

3.1 高速・省スペース・低コスト化

3.1.1 作像レイアウト

　モノクロプリンタ並みの高速生産性を考えたとき，まずシステム構成としては必然的に4連タンデム方式が考えられる。4連タンデム方式は，4色画像を直接用紙に転写していく直接転写方式と，一旦中間転写ベルトに転写しその後用紙にまとめて転写する中間転写方式と2種類に大別されるが，IPSiO Color 8000 では転写が1回で画像劣化の少ない直接転写方式を採用している。

　4連タンデム方式の場合，4つの作像ユニットを並置するためどうしても機械本体の大きさが重要課題となる。4つの作像部と定着部とを水平に配置すると横幅が大きくなりすぎてモノクロプリンタ同等の幅が達成困難となり，また垂直に配置するとこのエンジンを複合機に展開する際にスキャナ部が高くなりすぎるという問題が生じてしまうのである。そこで作像部から定着/排紙までを斜めに配置する新規レイアウト（図1）を考案した。すなわち，マシン断面で最も長い距離を有する対角線上に作像ユニットを配置することによって，マシン幅と高さを抑えるというアイデアである。この作像部斜め配置こそが，本機のレイアウト上の最大の特徴となっている。

　省スペース化を実現するには，作像部斜めレイアウトだけでなく個々の構成要素の小型化ももちろん重要である。IPSiO Color 8000では，感光体径を当時同クラスのモノクロプリンタの半分（$\phi 60 \rightarrow \phi 30$）にして，その感光体に合わせて帯電，現像，クリーニングを小型化することで，

33

最新プリンター応用技術

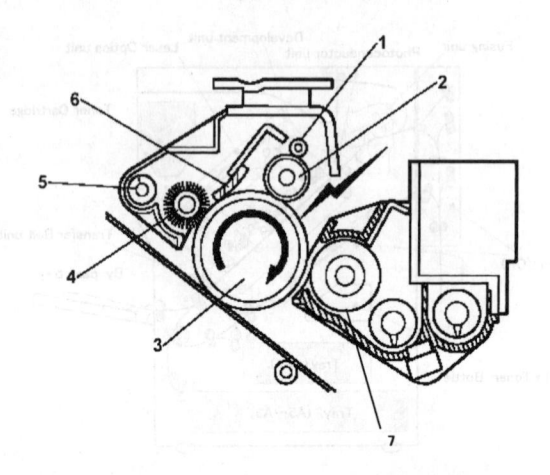

1. Cleaning brush roller
2. Charge roller (non-contact)
3. OPC drum
4. Cleaning brush
5. Waste toner collection auger
6. Cleaning blade
7. **Development unit**

図2　作像ユニットの概観図

作像ユニット全体で従来機比約半分の断面積を実現することができた（図2）。

小型化・省スペース化を図ることはすなわちコストダウンにもつながるが，IPSiO Color 8000ではさらに各部品の軽量化を強く推し進めることで一層の低コスト化を実現している。

当時，特にカラーレーザープリンタに対してはその画質要求の高さより頑強な構造体，部品剛性が求められており，その結果板金部品は厚く，軸は太く，樹脂は金属になり，重量部品を駆動するモータも大出力化するなど，必然的に大型化・重量化の道を辿ってしまっていた。IPSiO Color 8000では，構造体の強度シミュレーション／熱分布シミュレーション等により各機能を達成するための最低限のスペック見極めを徹底的に行い，例えばメインの構造体である板金製の前後側板板厚を従来機比で2/3以下（2 mm→1.2mm），光学フレームを線膨張係数の小さい樹脂材料にて形成するなど，品質は維持したまま金属材料を樹脂材料に，もしくは薄板化するという小型・軽量化＝低コスト化を実現している。

3.1.2 小型レーザービーム書込み光学系

4連タンデム方式のカラーレーザープリンタの場合，4つの書込み光学系を作像ユニットと同様に並置する方式と，LDユニットのみ4色分備えてポリゴンミラーや各種レンズを共通使用する1ユニット光学系方式とが考えられる。省スペース化，低コスト化の観点からは1ユニット光学系方式の方が優れているが，高精度で高速回転（28ppmのためには6面ポリゴンミラーで

第1章 IPSiO Color レーザープリンタ

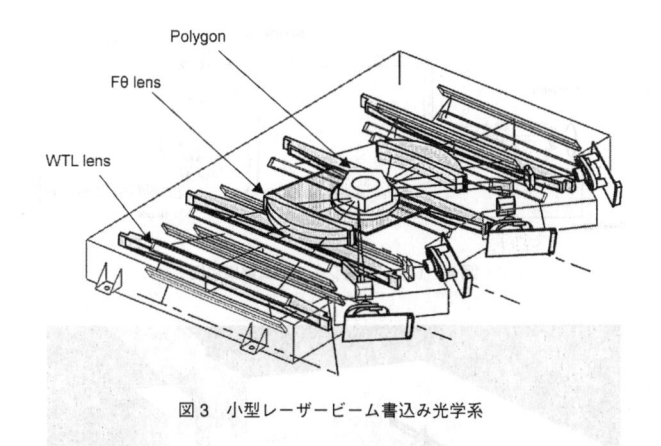

図3 小型レーザービーム書込み光学系

約30000rpm必要）可能なポリゴンスキャナーモータが必須技術となる。実際，ポリゴンミラーの組み立て誤差や，モータのもつ高周波・振動の問題が，画質に悪影響を及ぼす不具合として表面化し易く，高生産性と高画質を両立することは容易ではない。

IPSiO Color 8000 では，ポリゴンミラーを2段化して4色一体型にした流体軸受けのポリゴンスキャナーモータを新規開発した。これは従来タイプに比べ約半分の部品点数で構成されており，部品構造上の積み上げ誤差が軽減されている。また低重心・薄型でかつ安定したロータ構造をもつことにより，高周波・振動による画質への悪影響を防ぎ，さらにIPSiO Color 8000固有の懸念事項である書込みユニットの斜め配置に対しても駆動安定性・経時耐久性を確認できた。

その他，モノクロ用として2ビームLDユニットを搭載して38ppmのモノクロプリント生産性を，自社開発の高速レーザ変調ASICの採用により主走査方向リアル1200dpiの書込み密度での28ppmのフルカラープリント生産性をそれぞれ実現しており，結果としてIPSiO Color 8000では，当社従来機比約35％の容積の小型レーザービーム書込み光学系（図3）にて，高生産性と共に高画質化を達成している。

3.2 アプライアンス性
3.2.1 粉体ポンプによるトナー搬送方式

従来機において，トナーは重力又はメカニカルな搬送手段によってカートリッジから現像部に供給されている。このためトナーカートリッジは各色現像部の近傍かつ上方に配置されるのが一般的であった。本機においては粉体ポンプをトナー搬送に用いる（図4）ことにより，トナーカートリッジのレイアウトフリー配置を実現している。

トナー搬送は，まずトナーカートリッジ内にエアー供給してトナーを流動化し，粉体ポンプで

35

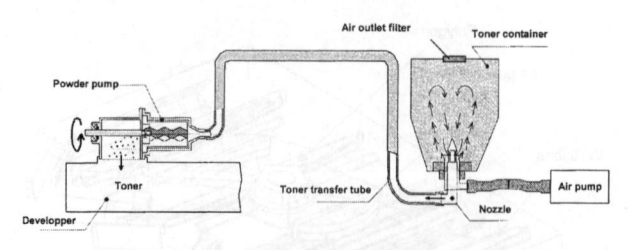

図4 トナー搬送システム概略構成図

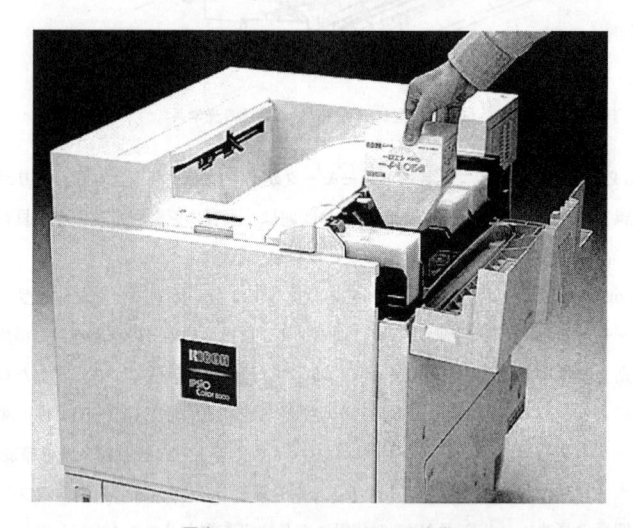

写真1 トナーカートリッジの交換

吸引して現像器に送り込む,といった流れになっている。粉体ポンプは,一軸偏芯スクリュー(ロータ)が二条螺旋貫通孔を有する弾性体(ステータ)内を回転する事により空隙を移動させて圧力を発生させる仕組みであり,ここで発生する負圧によりわずか内径6mmのチューブで約700mmもの距離をトナー搬送している。粉体ポンプによるトナー搬送方式では,このようにトナーにかかるストレスも低く,また自由曲線的にトナー搬送でき,もちろん搬送時の騒音も発生しない。

この粉体ポンプを用いたトナー搬送方式により,トナーカートリッジを作像部とは無関係にマシン内のどこにでも配置することが可能となった。IPSiO Color 8000ではユーザー操作がし易く,作像部斜めレイアウトでの空きスペースでもあるマシン右上に配置した。その結果,ユーザーは,視認性のよい機械右上から専用カバーの開閉によりトナーカートリッジに直接アクセスすること

第1章 IPSiO Color レーザープリンタ

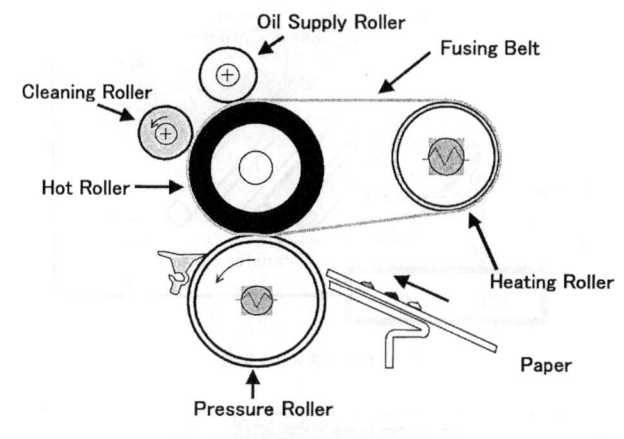

図5 ベルト定着ユニット

ができ，容易にトナーカートリッジを脱着できるようになった(写真1)。実際，この方式を搭載したIPSiO Color 8000シリーズ機は，ユーザーアプライアンス性に非常に優れているとの評価を多方面よりいただいている。

3.2.2 ベルト定着方式

モノクロプリンタ置き換えを狙うにあたり，ウォームアップ時間の短縮も重要課題であった。IPSiO Color 8000では，従来の大口径＆厚肉の定着ローラ方式ではなくベルト定着方式(図5)を採用した。

このベルト定着ユニットは，加熱及び加圧ローラを薄肉化し熱容量を小さくするとともに，薄肉加圧ローラの変形防止とニップ幅の増大を図る目的で定着ローラの表層を発泡体にしている。さらに，加熱及び加圧ローラ内に配置した2本のヒータへの電力供給比率を，ウォームアップ時・プレ回転時・作像定着時それぞれの場合で最適化した。これらによりトナー像を効率よく定着でき，前身機の約1/3というウォームアップ時間の大幅な短縮が可能となった。

3.3 画質の安定化と高信頼性

3.3.1 自動位置合わせ制御

4連タンデム方式の場合，各色画像の位置合わせ精度を維持することは非常に重要な課題である。IPSiO Color 8000では，駆動ムラの低減や4色間の位相合わせに加え，各色間の位置合わせの自動補正制御を搭載している。

この自動位置合わせ制御は，転写ベルト上にカラーパターンを作成し，そのカラーパターンの

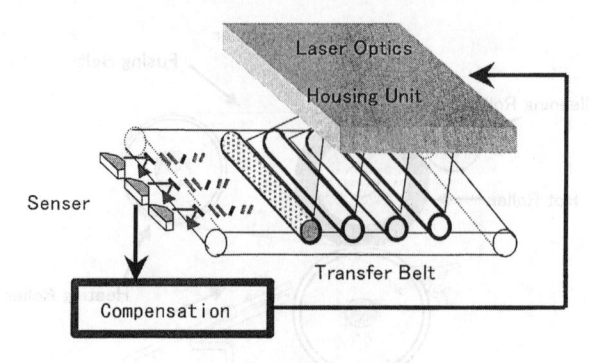

図6 自動位置あわせ制御

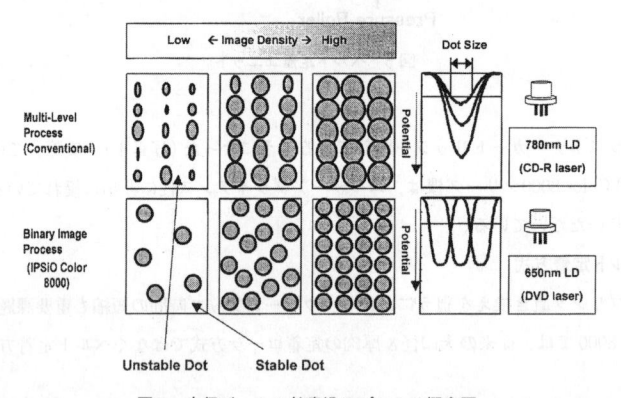

図7 小径ビーム2値書込みプロセス概念図

位置精度関連情報をフォトセンサで計測して，書込みタイミング補正（エレキ制御）やスキュー補正（光学ユニット内のミラー可動制御）にフィードバックするものである（図6）。カラーパターンは，駆動ピッチやレイアウト上の各種変動の影響を加味した最適配置とし，位置合わせ制御の動作タイミングは機械の状態変化に応じて自動実行されるよう設定することで，良好な位置合わせ精度を維持している。

3.3.2 小径ビーム2値書込みプロセス

IPSiO Color 8000では小径ビーム2値書き込みにより画質の安定化を図っている。自由曲面プラスチックレンズの採用と，DVD書き込みに用いられる短波長（650nm）LDの搭載にて50×65μmまでビーム径を絞り込み，各種変動を受けやすい多値書き込みではなく高解像度（1200×1200dpi）での2値書き込みプロセスとした。従来のドット面積（強度）の変調により行ってい

第1章 IPSiO Color レーザープリンタ

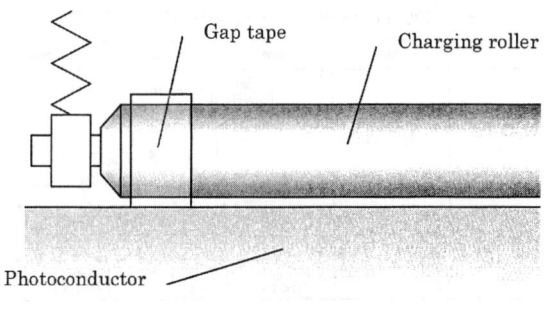

図8 NCローラ帯電方式構成図

た階調表現方式ではなく，ドットサイズを小さくしてドット密度で階調表現することにより，高画質化とロバスト性の確保の両立を実現している（図7）。

3.3.3 高耐久感光体ユニット

感光体ユニット（図2）としては，従来の3層感光体の最上層に耐摩耗層を積層したオーバーコート感光体を搭載し，新規開発のNC（Non-Contact）ローラ帯電方式を採用することで高耐久化を図った。

NCローラ帯電方式は，高硬度の帯電ローラの両端に厚みの均一な樹脂シート（ギャップテープ）を巻きつけ，感光体と帯電ローラを非接触に保つことで帯電ローラの汚れによる画像劣化を大幅に改善させた方式である（図8）。

NCローラ帯電方式は，部品精度ばらつきや環境変動によるギャップ変化＝容量変動に対応するために，ACバイアスを定電流制御する必要がある。しかし，帯電ローラと感光体とのギャップは，感光体もしくは帯電ローラ1回転といった短い周期でも急峻な変動をしており，こういった短時間のギャップ変動に対しては通常のAC定電流制御では追従できずバイアスノイズのような異常画像が発生してしまう。そこで，非作像時に目標AC電流が確保できる電圧を求めて，作像中はその電圧で定電圧制御するフィードバック定電圧制御を搭載した。これによりマクロなギャップ変動に対しては電流フィードバックで適正なバイアスをし，作像中は定電圧制御で出力を安定させることで短時間でのギャップ変動によるミクロな帯電むらを抑制している。

4 おわりに

IPSiO Color 8000は本格的なBC変換を狙うとともに今後の複合機展開も意識した共通のプラットフォームとして開発された機種である。既に紹介してきたように，①カラー高速化，②省ス

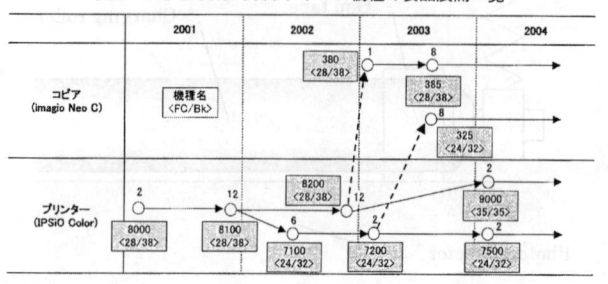

表2 IPSiO Color 8000シリーズ機種の製品展開一覧

ペース，③低コスト，④アプライアンス性，⑤高信頼性，を徹底的に追求して実現し，その後多くのシリーズ機を展開するに至った（表2）。2001年の発売から2004年現在に至るまで，今尚新たなシリーズ機が展開されていることよりわかるように，優れたコンセプトと高いポテンシャルを備えたプラットフォーム機種であったと言えるであろう．

文　献

1) 佐藤眞澄，司城浩保，柳澤孝昭，安井元一，中原知利：高速フルカラーレーザープリンタIPSiO Color 8000シリーズの開発，日本画像学会誌，第42巻，第4号，387-393 (2003)
2) 遠藤秀信，横山雅人，日下智洋：デジタルフルカラー複合機imagio NeoC385/325シリーズの開発，日本画像学会誌，第42巻，第4号，424-432 (2003)

第2章　WORKiO レーザプリンタ

醒井雅裕[*1], 片伯部　昇[*2], 立松英樹[*3], 志水忠文[*4]

1　はじめに

近年, オフィスドキュメントの急速なカラー化が進む中, 高速性を追求したデスクトップ型タンデムカラープリンタが普及しはじめた[1]。電子写真方式は, インクジェット方式と比較して高速プリントへの適応性に優れるが, トナー定着に伴う消費電力が大きいという欠点がある。カラー電子写真プリンタでは, 従来からハロゲンランプとヒートローラの組み合わせによる定着方式が用いられているが, プリント待機時からのウォームアップ時間を短くするための待機保温に多大な電力を浪費していた。1993年米国環境保護局の Energy Star Program 政策が開始されて以来, プリンタの待機時消費電力を削減する動きが活発になってきており, 国内においても国際エネルギースタープログラムが1995年より実施されている。

このような背景のもと, 当社ではプリンタの省エネ化を目指し, ウォームアップ時間の短い定着技術の開発に取り組んできた。2003年3月に発売したデスクトップ型タンデムカラーレーザプリンタ WORKiO KX-CL500/510（以下 CL500 と省略）シリーズ（図1）には, プリント待機時の予備加熱を

図1　WORKiO KX-CL500/510 シリーズ

---

* 1　Masahiro Samei　パナソニックコミュニケーションズ㈱　デジタルイメージング開発センター　主任技師
* 2　Noboru Katakabe　パナソニックコミュニケーションズ㈱　デジタルイメージング開発センター　チームリーダー
* 3　Hideki Tatematsu　パナソニックコミュニケーションズ㈱　デジタルイメージング開発センター　主任技師
* 4　Tadafumi Shimizu　パナソニックコミュニケーションズ㈱　デジタルイメージングカンパニー　主任技師

不要にした新開発のベルトIH（誘導加熱）定着器を搭載し，従来比90％のエネルギー削減が可能となった．

本稿ではCL500の特徴と構成概要について紹介するとともに，製品のキーテクノロジーであるカラーIH定着技術[2,3]を中心に解説する．

2 WORKiO CL500の特徴

CL500は，新開発の小型4連水平タンデムエンジンおよび1ポリゴン4ビームレーザスキャンユニットの採用などにより，業界トップクラスの小型・軽量化を実現した．タンデム方式のカラープリンタでありながら，モノクロレーザプリンタ並の設置面積2,250cm^2（幅419mm，奥行536mm）を実現し，容積89リットル，重量29.8kgと小型化している．A4プリント速度はカラーで毎分16枚，モノクロでは毎分20枚と高速プリントが可能である．

このCL500は，新開発のベルトIH定着器の搭載により，プリント待機時からのファーストプリントを25秒以下に短縮した．これにより，定着器の待機保温が不要になり，プリンタの待機時消費電力は9Wに抑えられ，電力使用量が当社従来プリンタの10%以下となる大幅な省エネ化を達成した．CL500の主な製品仕様を表1に示す．

表1 KX-CL500/510シリーズの製品仕様

印刷速度	カラー：16ppm（A4） モノクロ：20ppm（A4）
解像度	最大：1200×1200dpi 標準：600×600dpi
ファーストプリント	25秒以下
消費電力	最大：1200W 待機時：9W
外形寸法（幅×奥行×高さ）	419×536×395mm
本体質量	29.8kg

3 プリンタエンジンの構成概要

図2に示すCL500の小型4連水平タンデムエンジンでは，Y（イエロー），M（マゼンタ），C（シアン），K（ブラック）の4色の構成部材を横一列に配列し，各現像器をその対となる感光体と隣り合う感光体とにまたがるオーバーラップ構成としたことで各現像器の占有幅を狭くした．その結果，各色感光体の間隔は45mmの狭いピッチに配置することができ，装置全体の小型化を達成した．また，それにより中間転写ベルトの周長も短くすることができ，小型化と高速スループットとを実現している．また，給紙から排紙に至る搬送経路をほぼ垂直にし，両面印刷ユニットをプリンタ本体前面側に収める構成としたことで，両面および手差しプリントを含めた用紙搬送経路をプリンタ本体の前面蓋側に集中配置できた．このことにより，紙詰まり処理などが容易な装置構成にできた．

第2章　WORKiO レーザプリンタ

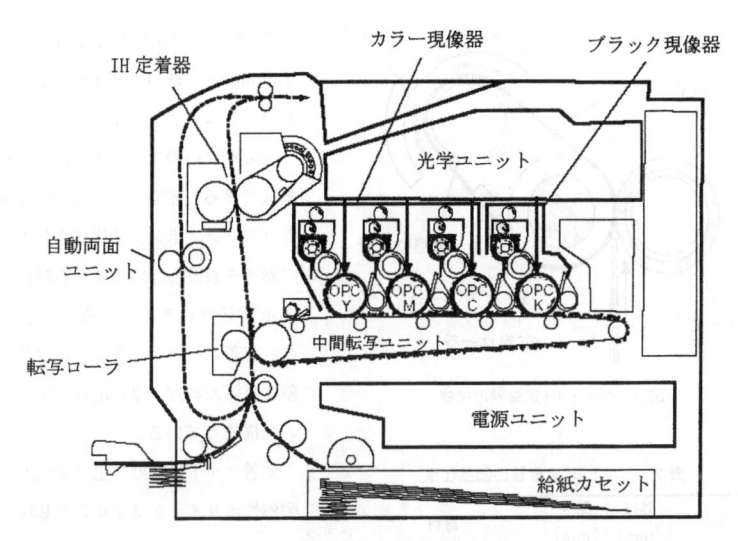

図2　WORKiO KX-CL500 の構成図

　YMCの感光体，現像器，帯電ローラなどの消耗部品は，これらの部品を一体構成にすることで，ユーザーの交換作業性を改善した。独立して使用される頻度の高いブラック現像器は，単独で交換できる構成とした。
　定着器に関しては，定着ベルト表面が紙との接触により次第に劣化するが，他の交換部品である定着ローラや加圧ローラとともにユニットとして交換する構成である。IHコイル部は径時劣化がなく交換の必要がないため，プリンタ本体に固定される。

4　IH定着技術の概要

　新開発のベルトIH定着器では，低熱容量の定着ベルトと効率のよい外部IHコイル部を組み合わせ，定着ベルトをIHコイルにより直接誘導加熱し発熱させた後，定着部まで熱を移動させ，定着ニップ部で熱と圧力でトナーを定着する構成である。

4.1　定着器の基本構成

　新開発のベルトIH定着器の構成を図3に示す。定着器は主にベルトと3つのローラからなる定着ユニットとIHコイル部から構成される。このIH定着器の主要構成部品の仕様を表2，動作仕様を表3に示す。

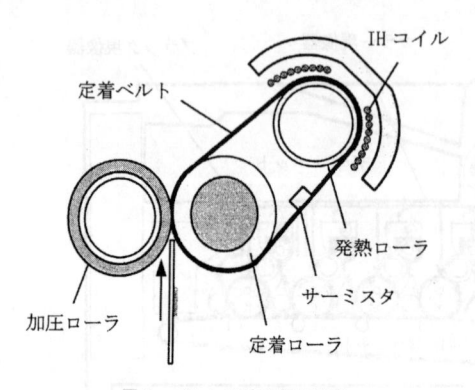

図3 ベルトIH定着器の構成

表2 ベルトIH定着器の部品仕様

部品	外径 [mm]	厚さ [mm]	材料
定着ベルト	φ45	0.26	PTFE＋シリコーンゴム ＋ポリイミド
発熱ローラ	φ20	0.4	鉄
定着ローラ	φ30	5.0	シリコーンスポンジ
加圧ローラ	φ30	2.0	シリコーンゴム

表3 ベルトIH定着器の動作仕様

プロセス速度	モノクロ：125 mm/s カラー：100 mm/s
投入電力	900W以下
ウォームアップ時間	20秒以下

発熱ローラは外径φ20mmで厚さ0.4mmの薄い鉄パイプで構成される。発熱ローラはトナーに圧力をかけて定着する必要がないのでこのように小さく薄く構成できる。定着ローラは厚さ5mmのシリコーンスポンジで構成される。内部に熱源を設置しないので，断熱性の高いスポンジローラにできる。加圧ローラは，定着ローラよりも硬くかつ断熱性が望まれるため厚さ2mmのシリコーンゴムで構成している。

定着ベルトは低熱容量で柔軟性に富む耐熱性ポリイミドフィルムを基材としたベルトである。定着ベルトの温度は，通紙域中央のニップ部の入り口付近で定着ベルト内面に当接して配置されるサーミスタで検知する。サーミスタを内面に配置したことで，サーミスタによりベルト表面のトナー定着面が摩耗するのを防止している。定着ベルトは厚さが薄くベルト外面と内面の温度差が小さいため，検出されるベルト内面温度によって緻密な温度制御が実現できる。

IHコイルは発熱ローラの外周に設置される。図4に誘導加熱によるベルトIH定着器の加熱原理を示す。IHコイルに高周波交流電流が供給されると，交番磁界が誘起され，その磁場により定着ベルトの金属発熱層（後述）と鉄製の発熱ローラに渦電流が発生し，定着ベルトと発熱ローラがともに発熱する。生じた熱はベルト内部に蓄熱され，回転に伴い定着ローラと加圧ローラにより形成されるニップ部に搬送される。ニップ部では，このベルト内部の蓄熱が紙との間で分配され同時に圧力をかけることにより定着される。

ニップ部でのローラの接触状態を模式的に図5に示す。加圧ローラをソリッドゴムに，定着ローラをスポンジに構成したことにより，定着ローラ側に凹み形状ができる。この凹み形状によって，紙がニップ部から分離する際に，紙の腰による定着ベルト側からの自己分離性を上げて，

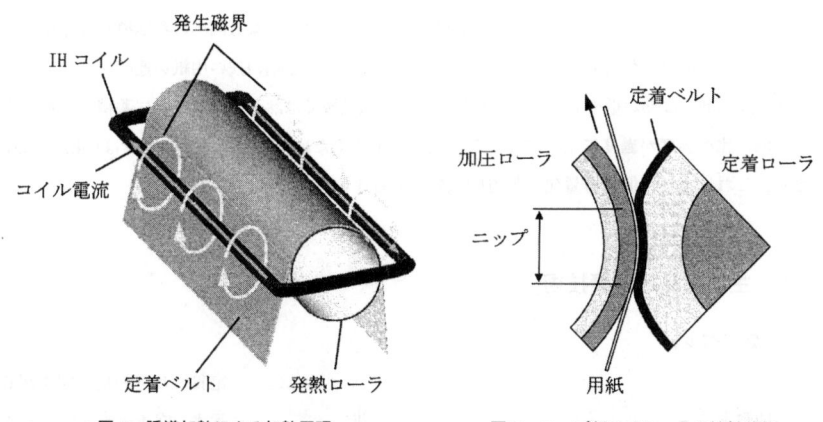

第2章 WORKiOレーザプリンタ

図4 誘導加熱による加熱原理

図5 ニップ部でのローラの接触状態

紙のベルトへの巻き付きを防止できる。これにより，定着ベルト表面を傷つけるおそれのある分離爪や，メンテナンス性に課題のある定着オイルをなくすことができた。

4.2 定着器の低熱容量化

ベルトIH定着器と，従来のヒートローラ定着器とを比較する。カラー定着器では，多層トナーを十分に溶融させ高品位の画像を得るために，広いニップ幅が必要である。このため，従来のカラーヒートローラ定着器では，厚いゴム層を有したヒートローラが用いられた。このような構成では，厚いゴム層によってヒートローラ自体の熱容量が大きくなる。さらに，厚い断熱層のため温度が伝達しにくく，内部から急速に加熱すると，ヒートローラ素管とゴム層との界面が高温となりゴム層の熱破壊が発生する。このために，結果的にウォームアップ時間を長くせざるを得なかった。

ベルトIH定着器では，ヒートローラの役割を定着ベルト，発熱ローラ，定着ローラで分担した構成であるため，誘導加熱によって発熱する定着ベルトと発熱ローラを容易に低熱容量化できる。

定着ベルトは，内径φ45mmで厚さ260μmの薄いベルトのため，ヒートローラに比べておよそ1／20の低熱容量となっている。

ここで，発熱ローラも，肉厚を薄くしてできるだけ低熱容量化することが望ましい。発熱ローラは発熱ベルト懸架するだけの強度があれば十分であり，厚さ0.1mmのパイプでも適用可能である。しかし，用いる材料の鉄では，周波数帯域20～50kHzの電磁誘導加熱で渦電流が流れる表皮深さが100μm程度となることから，厚さ0.1mmでは磁束が発熱ローラを貫通して外部に漏

45

れるおそれがある。また，発熱ローラの低熱容量化に伴いローラ軸方向への熱伝導が遅くなるため温度分布の不均一が発生しやすくなる。たとえばハガキなど幅の狭い用紙を連続プリントした場合，通紙域では熱が紙やトナーに奪われるが，非通紙域では熱が発熱ローラに蓄積されるため通紙域に比べ温度が過度に上昇する。この過昇温を防ぐため，発熱ローラの厚みは0.4mmに設定し，これにより，低熱容量化と軸方向温度均一性を両立した。

5 主要部品と要素技術

5.1 定着ベルト

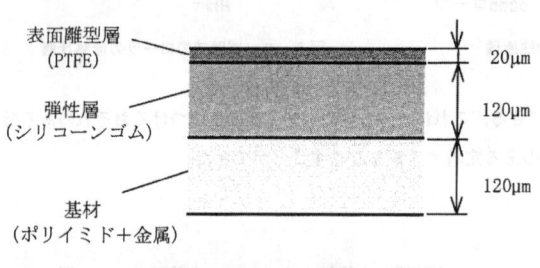

図6 定着ベルトの層構成

表面離型層（PTFE） 20μm
弾性層（シリコーンゴム） 120μm
基材（ポリイミド＋金属） 120μm

定着ベルトの構成図を図6に示す。定着ベルトは，金属粒子を含有する厚さ$120\mu m$の耐熱性ポリイミドフィルムを基材とし，その上に厚さ$120\mu m$のシリコーンゴム層，さらに厚さ$20\mu m$のPTFEの表面離型層よりなる。シリコーンゴム層を$120\mu m$にしたことで，紙上の多層トナーを十分に溶融しうる熱量を蓄積できると同時に，その柔軟な表面性によって光沢ムラのない高画質のカラー画像が得られた。また，ニッケルなどの金属基材ベルトは，比較的短期間の使用で屈曲疲労による破壊が発生するが，ポリイミド基材ベルトを開発することにより長寿命の定着ベルトが実現できた。さらに，ポリイミド基材の厚さを$120\mu m$としたことでベルトの剛性が高くなり，ベルト回転時に発生するスラスト方向の荷重に対しても強い構成にできた。

新開発の定着ベルトでは，このポリイミド基材に金属材料を含有させ導電性にした。これにより，ポリイミド基材の定着ベルトを誘導加熱によって発熱させることができた。ポリイミド基材を導電性にすることで，IHコイル部と対向させたときの磁気結合は強くなり，熱負荷となる渦電流抵抗が大きくなる。その結果，表4に示すように発熱効率が高くなって，定着器のウォームアップ時間を22秒から18秒に短縮することができた。

表4 導電性ポリイミドによる発熱効率化

基材材料	ポリイミド	ポリイミド＋金属
発熱効率[％]	84	90
ウォームアップ時間[s]	22	18

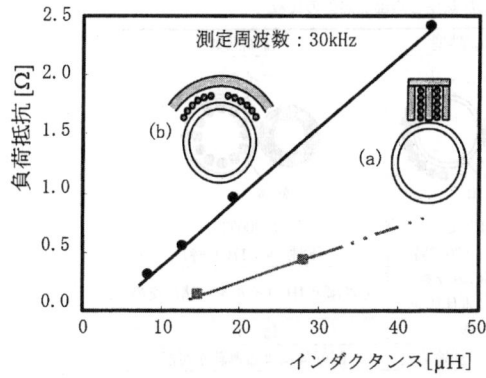

第 2 章　WORKiO レーザプリンタ

表5　IHコイルの仕様概要

素線	耐熱グレード	H種（180℃）
	線径	0.19 mm
	撚り数	40
動作周波数		20 ～ 50 kHz
コイル電流		50 A 以下
インダクタンス		42 μH at 20 kHz
負荷抵抗		1.45 Ω at 20 kHz

図7　コイル・コア形状と LR 特性

5.2　IHコイル部

図3に示すように、IHコイルを発熱ローラの周面に沿わせて定着ベルトの外側に配置し、さらにIHコイルの背面側にフェライトコアを配置することで磁路を最適化し、誘導加熱による高い発熱効率を実現した。コイルとコアの形状により磁気回路と電磁誘導の電気特性が大きく変化する。コイルの巻きつけ構成により、熱エネルギーへの変換効率が変わる。

図7に示すように、E型コアにコイルを巻きつけた構成（a）では、900Wの出力を得るためには、コイルに大電流（約100A）を供給する必要があり、汎用の大電力トランジスタIGBT（Insulated Gate Bipolar Transistor）では駆動できない。一方、ローラの外周面に沿ってコイルを巻きつける構成（b）では、構成（a）と比較して約3倍の負荷抵抗値が得られ、コイル電流を最大50A以下にできる。その結果、汎用IGBTを用いた電力供給が可能となり、90％以上の高い発熱効率が実現できた。表5にIHコイルの仕様概要を示す。

5.3　外部加熱技術

表6に、誘導加熱により発熱する回転体（ローラやベルトなど）の外部にIHコイルを配置した外部加熱型IH定着器構成と、回転体の内部にIHコイルを配置した内部加熱型IH定着器構成[4～6]とを比較する。

内部加熱型構成では、IHコイルが回転体の内部に配置されるため、高温に加熱された回転体の輻射熱を受け易い。そのため、高耐熱性のリッツ線で構成することが必要となる。高耐熱リッツ線はポリイミド被覆などの端子加工が難しく、また高価なワイヤーである。一方、外部加熱型構成では、IHコイルが回転体の外側に配置されるため、コイルの温度上昇が少なくまたコイル

表6 外部加熱型と内部加熱型の比較

	外部加熱型	内部加熱型
構成	IHコイル／回転体	IHコイル／回転体
コイルの温度上昇	<150℃（回転体：170℃時）	>200℃（回転体：170℃時）
定着器交換	定着部のみ交換　コイルは本体固定	定着部とIHコイルを一緒に交換
回転体の小径化	可能	難しい
電波漏洩	遮蔽部材が別途必要	回転体による遮蔽が可能

の冷却も容易である。そのため，低コストの汎用グレードのリッツ線が使用できる。

また，内部加熱型では，IHコイルが回転体の内部に配置されるため，回転体の寿命交換に伴ってIHコイル部も同時に交換する構成となる。外部加熱型では，図8に示すように，寿命による交換の必要がないIHコイル部はプリンタ本体に残して定着ユニット部のみを交換できるため，メンテナンスコストを低く抑えられる。

さらに，IHコイルを回転体の外側に配置したことで，回転体の小径化が可能となり，回転体の低熱容量化が容易である。そのため，ウォームアップ時間を短くすることができる。

一方で，外部加熱型構成では，IHコイルが回転体（金属部材）で覆われない構成のため，コイルからの発生磁界の一部がプリンタ外部に漏れやすく，この漏れ磁界を抑えるための構成が必要となる。

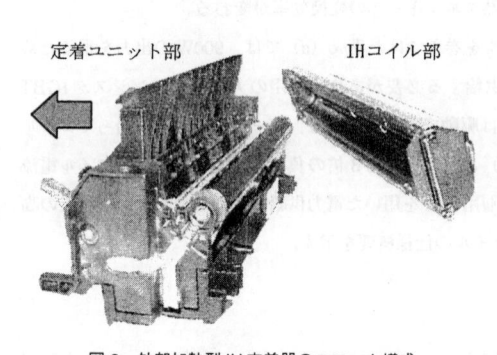

図8 外部加熱型IH定着器のユニット構成

5.4　EMC（Electro Magnetic Compatibility）制御技術

CL500のIH定着器では，IHコイルが発熱ローラの外側に配置する外部加熱型構成であるため，非磁性のアルミ製シールド板（図9）をコイル外周に配置してショートリングを構成することで，漏れ磁界の発生を防止した。IHコイル部より漏れでた磁界がシールド板を貫通する際に，シー

ルド板の内部にコイル電流とは逆方向に渦電流が流れ，この渦電流により誘起される逆方向の磁界の作用によって，漏れ磁束が打ち消される。この原理を用いることで，シールド板がない場合に比べて漏洩電波レベルを20dB以上低減できた。

5.5 発熱分布制御技術

図10は，IHコイル近傍の磁場のシミュレーション結果である。フェライトコア近傍では磁束が集中し，磁束分布ムラが発生しているのがわかる。このような状態では，定着ベルトに温度ムラが現れる。この温度ムラは，フェライトコアの形状や定着ベルトおよび発熱ローラに対するフェライトコアの配置位置に強く影響を受けるため，コアの形状および配置を考慮した最適化設計を行った。

図11，13はウォームアップ直後のベルト表面温度分布を測定した実験結果である。温度測定は赤外線放射温度計を用いた。図11は8個のフェライトコアを真直かつ均等間隔に配置したときの温度分布である。フェライトコアを配置した位置に対応して定着ベルトに15℃程度の温度ムラが生じた。また発熱ベルトの両端部では，中央部と比較して約20℃の温度低下が発生した。一方，図12に示す構成では，10個のフェライトコアをローラ軸方向に対して斜めに配置し，またベルト両端部での間隔が狭くなるように配置している。この構成では，図13に示すように，

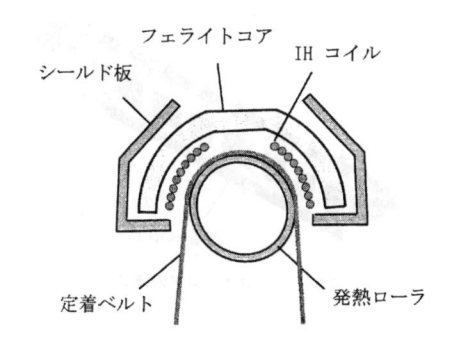

図9　シールド構成

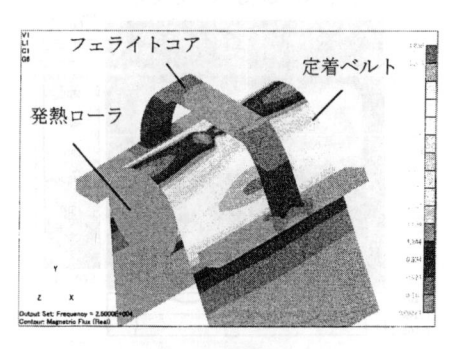

図10　磁束密度分布

図11　コア垂直配置でのベルト温度分布

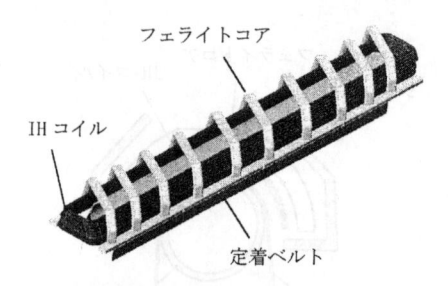

図12 フェライトコアの構成

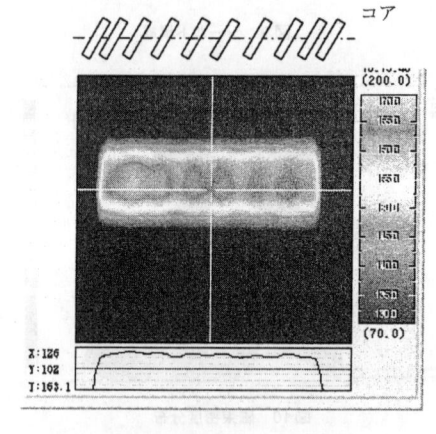

図13 コア傾斜配置でのベルト温度分布

フェライトコアの配置に起因した温度ムラがなく，ローラ軸方向のベルト表面温度ムラを5℃以内に抑えられた。さらにベルト両端部では，コア間隔を狭くしたことにより，中央部と変わらない均一な昇温特性が得られた。

6 おわりに

WORKiO CL500はコンパクトなデスクトップ構成で，優れた省エネ性と高速性とを達成した。電磁誘導加熱技術を用いた定着技術は，発熱効率が高いことから，ウォームアップ時間を短縮し省エネ化を実現するのに有効である。今後，さらに熱効率の高いIH定着技術を開発し，さらなる省エネ化，高速化，A3機対応等を推進して，環境にやさしいドキュメント機器を開発したいと考えている。

文　献

1) 山本肇, Japan Hardcopy 2003論文集, p.49 (2003).
2) M. Samei et al., Proc.of IS&T's NIP19, p.58 (2003).
3) 醒井雅裕ほか, Japan Hardcopy 2003 Fall Meeting論文集, p.33 (2003).
4) 高木修ほか, Japan Hardcopy 2001論文集, p.61 (2001).
5) 谷川耕一ほか, Japan Hardcopy 2003論文集, p.41 (2003).
6) 木野内聡ほか, Japan Hardcopy 2003論文集, p.45 (2003).

第3章　KMC LEDプリンタ

小沢義夫*

1　はじめに

　近年,オフィスにおけるカラープリント化が進む中,モノクロとカラーを同じ環境,生産性で出力したいという要望が強まってきている。当社では,モノクロ機と部材やユニットを共通化したカラータンデム機を設計し,モノクロ機からカラー機への変換を図った。結果として,従来のモノクロプリンタの高さ方向で数十ミリ高くなったものの,設置面積ではほぼ同等の大きさを達成し,従来のモノクロ機と同じプリント環境で機能するデスクトップ型カラープリンタを開発した。

　京セラミタ㈱は,新規開発の小型タンデムエンジンにより,カラー,モノクロ共にA4縦毎分16枚のFS-C5016Nを開発し,新規デバイス開発によって高画質なカラー画像,デバイスの長寿命化による印字コストの低減,さらにコンパクト設計による（2004年11月現在。A4対応電子写真方式のカラープリンタ）。クラス世界最小／最軽量の小型化を達成したカラータンデムプリンターを2003年8月から販売している。

2　本体仕様と断面構成

　FS-C5016Nは,露光デバイスとして,600dpiの4bit多値Advanced Beam Array（以下LED）を新規に開発し,カラー画像の階調表現力を高めた。また,感光体として,正帯電単層OPCの耐久性アップに取り組み,30φでありながら20万枚以上の長寿命化を実現した。現像方式には,1成分タッチダウン現像のカラー化の実用化を図り,この現像特有の現像ゴーストを克服し20万枚以上の耐久安定性を達成した。転写方式としては,多層構造の弾性中間転写ベルトを新規に開発し,2回転写でありながら90％以上の転写効率を達成し,画質の転写部での劣化防止を行った。

　ドラム／現像等の主要ユニットの寿命を20万枚まで長寿命化することで,トナー交換のみのカラープリンタを実現し大幅にランニングコストを削減する事が可能となった。本稿では,FS-C5016Nに用いた各デバイスの特徴をベースに内容をまとめた。本体の製品の主な仕様を表1に,

---

＊　Yoshio Ozawa　京セラミタ㈱　技術本部　第3統括技術部　部長

また，部材のレイアウトを図1に示す．

表1　FS-C5016Nの主な仕様

項　　目	仕　　様
プリント方式	中間転写方式　LEDプリンタ
感光体	正帯電OPCドラム
現像方式	タッチダウン現像
転写	弾性中間転写ベルト＋2次転写ロール
定着	ヒートロール方式
プリント速度	16ppm：A4，60～105［g/m^2］ 17ppm：LTR/A5/B5，60～105［g/m^2］）
ファーストプリントタイム	16秒以下（A4レディ時）
ウォームアップタイム	80秒以下（スリープ時，電源投入時）
解像度	600dpi×9600dpi相当
用紙サイズ	カセット　A4，B5，A5，レター，リーガル 手差し　　70mm×148mm～216×297mm
外形寸法	345×470×385mm（W×D×H）
質量	本体：24kg（消耗品含む）
電源	AC100V 50/60Hz 最大時：949W 通常時：476W 待機時：188W　EcoPowerモード時：21W
消耗品コスト	カラー：6.05円／ページ　モノクロ0.8円／ページ

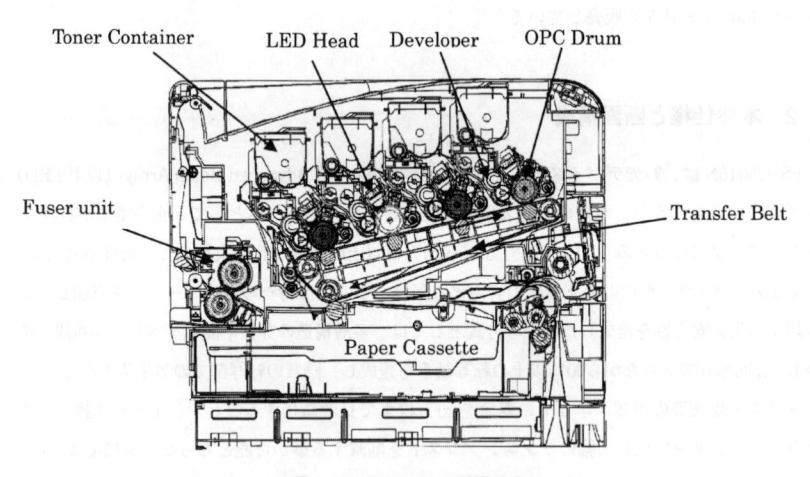

図1　FS-C5016Nの断面構成

第3章 KMC LED プリンタ

3 LEDヘッド

マシンコンセプトである「コンパクト」および「高画質」という機能を実現するのに必要不可欠であった京セラ独自のデバイスであるLEDプリントヘッドの特徴について述べる。

3.1 小型化とダイナミックドライブ方式

今回開発したLEDプリントヘッドは600dpiのもので，駆動方式は独自のダイナミックドライブ方式を用いた。ダイナミックドライブ方式はダイオードマトリックスによる時分割駆動の露光方式であり，スタティックドライブ方式に比べドライブICの数を減少でき，低価格のメリットがある。また，駆動時の自己発熱も小さく最大で5℃以下に抑えることができた。

FS-C5016Nに搭載されているLEDヘッドの構造を図2に示す。回路基盤上のLEDから発光した光がロッドレンズアレイにより像面上に結像する構造である。

この光学系の小型化によってコンパクト化が実現できた。

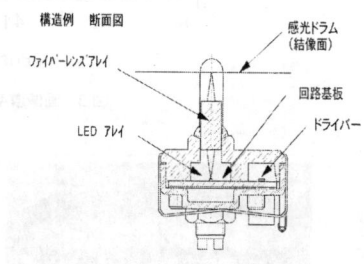

図2 LED headの構造

3.2 LEDプリントヘッドの補正技術

LED素子毎に発光閾値電流のバラツキが存在する。従って全てのLED素子を同じ電流値で駆動すると，発光量はLED素子毎に異なる。各LED素子が同じ光量になる様に駆動電流値で補正すると，発光量のバラツキは平均光量に対して±1.5%の範囲に抑えることができる。

また，LEDの特徴としてレンズアレイがレンズ素線を多数配置した構成なので，各レンズ素線の屈折率分布のバラツキや，光軸に対する倒れのバラツキに起因する濃度ムラへの影響がある。更なる画像レベルの向上を目指す為には光学的な影響を抑える補正技術の開発が必要であった。レンズアレイの光学特性のバラツキがもたらす現象としてはビームスポット径のバラツキが考えられ，これはレンズ素線の屈折率分布や光軸に対する倒れが，レンズを通過する光線の軌跡を変えてしまう為に像面において収差が発生しビーム形状を歪めてしまうためである。ビームスポット径と画像濃度の関係についてデータを測定したところ，図3に示す様にビームスポット径と画像濃度分布に相関があることが判明した。

そこで，全ドットのビームプロファイルデータに対して濃度が均一になる演算を行ってドット毎の光量補正データを制御した。

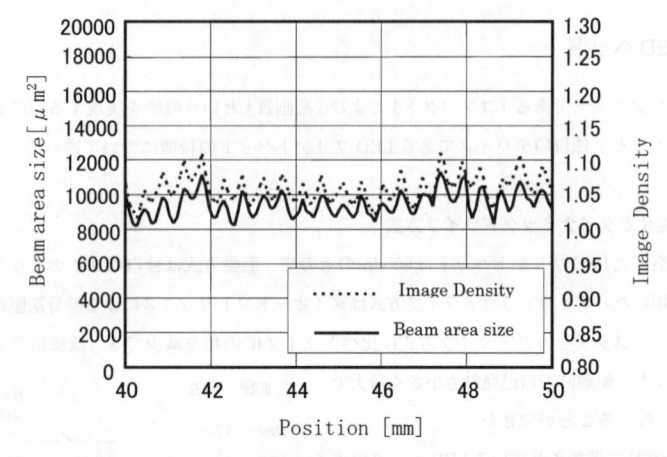

図3 画像濃度とビーム径との関係

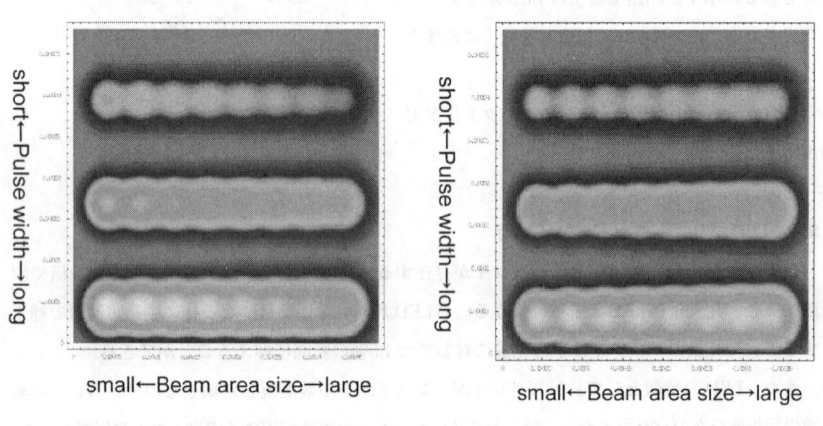

図4-1 パルス幅とビーム径の関係

図4-2 パルス幅とビーム径の関係（補正後）

さらに，FS-C5016Nでは，高画質を目指すために4bit多値を用いて1ドットを16段階にパルス点灯させているので，パルス幅のパラメータにも注目した。パルス幅の小さい場合には，潜像分布が不安定になるため，パルス幅によって濃度が均一になる条件が違うと考えた。具体例としてパルス幅を変化させた時のビームスポット径大小での潜像分布シュミレーションを示す。各パルス幅（$\Delta t = 2/15, 5/15, 8/15$）において，ビームスポット径の大小で潜像分布は不均一になることがわかる（図4-1）。次に，ビームスポット径の大きい領域の光量を上げた潜像分布を図4-

2に示す．これを見ると，各パルス幅でビームスポット径の大小で潜像分布は均一になっていることがわかる．

以上のように，ビームスポット径とパルス幅の2つのパラメータに対して光量補正の度合を変化させて潜像分布の均一化を行う制御をすることで，レーザスキャナ方式と同等以上の印画スジのない高画質化が可能となった．

4 高耐久単層OPCドラム

4.1 高耐久感光体ドラム

従来から当社は正帯電型単層OPC感光体の開発を進めてきた[1,2]。負帯電型積層OPCに比べて単層OPC感光体は，電荷発生材料，電荷輸送材料をバインダー樹脂中に均一に分散した単一層構造であるため，製造工程の短縮，製造に必要なエネルギーの低減が容易である．図5に正帯電の単層タイプのOPC（PSLP）と負帯電積層OPC（NMLP）の構造の比較を示す．また，感光層表面近傍で潜像形成が進行するため高解像度化に対して有利であるといわれている[3]．最近では，印刷コスト低減の観点から長寿命化技術の開発にも力を入れており，今回搭載した高耐久性感光体ドラムの開発に成功している．本節ではその長寿命技術について述べる．

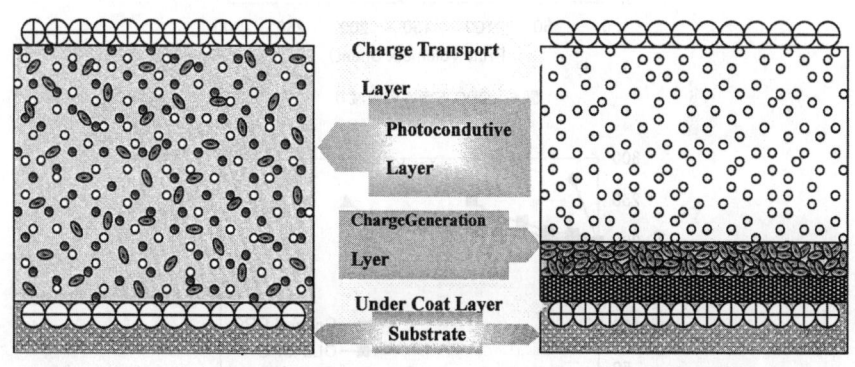

正帯電 OPC(PSLP)　　　　　　　　　　　　　　　負帯電 OPC(NMLP)

- CGM:Charge Generarion Material
- ETM:Electron Transport Material
- HTM:Hole Transport Material

図5　正帯電OPCと負帯電OPCの構造の違い
　　（巻頭カラー参照）

4.2 正帯電単層OPCドラムの耐摩耗性

今回搭載した単層OPC感光体は一般に使用される積層型OPCと比較して約10倍、当社が従来から使用している単層OPCと比較しても約2倍の優れた耐摩耗性能を有している。

長寿命化に対して耐摩耗性を有した感光体の材料開発をはじめ、中間転写方式の採用により、感光体に直接用紙が接触しないため、用紙由来の紙粉やタルク、カオリンといった填料の付着が少なく感光体のクリーニングブレードの設定を従来よりも低く設定することによる膜減りの低減、また帯電に際しては、感光体へのダメージを考慮し、感光体の表面電位を400Vと比較的低い値に設定することによりオゾン発生量を極力小さくし20万枚の寿命を達成した。図6と図7に高耐久OPCドラムの膜減り性能とドラム感度特性を示す。

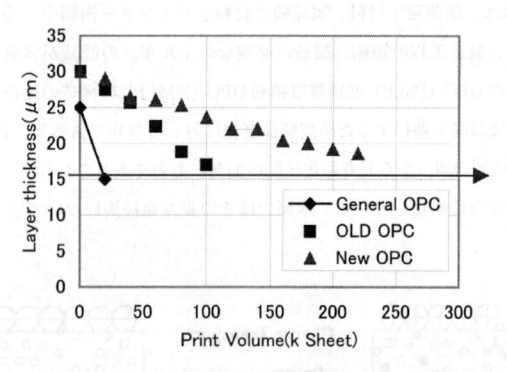

図6 OPCドラムの膜減り

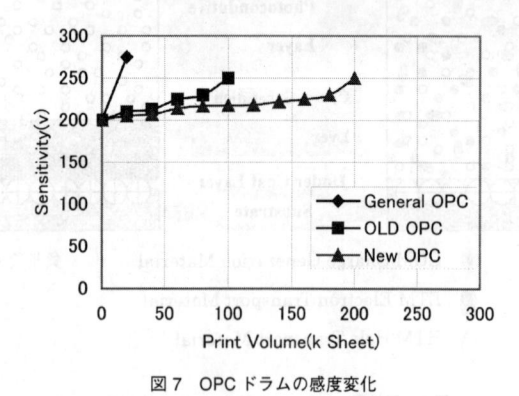

図7 OPCドラムの感度変化

第3章　KMC LED プリンタ

5 タッチダウン現像

5.1 タッチダウン現像法の歴史

　この現像方式は古くから実験的に試みられてきた。1974年の第2回のIS&Tでの論文[4]でAndrus等はこの現像法は古い現像方法で50年代から試みられていたと記載している。原理としては容易に考え付く現像方法であるが、なぜか用いられることが少なかった。1981年には東芝の保坂、米田[5]によって、主に接触式のタッチダウン現像の理論的な解明が行われた。最近では、その優れた潜像再現性と耐久安定性が見直されており、当社の製品の他に、Xerox社によって商品化された高速のiGen3[6,7]にその成果を見ることができる。

5.2 FS-C5016の現像器の構成

　現像器は、本体の設置スペースの小型化と、トナーコンテナの交換がし易いように本体上部からのアクセスを可能にするための縦型化のレイアウトである。

　現像方式には、一成分現像方式と二成分現像方式の両方を兼ね備えたタッチダウン現像方式を採用した。この方式の特徴としては、耐久性が優れていることと画質が良い点である。

　従来一成分現像は、ゴムやSUSブレードを現像ロールに接触させてトナーを帯電させ、トナー薄層を形成して高画質な画像を得ることができるが、接触部分の現像ロールおよびブレードの劣化が早く、短寿命な設定にならざるを得なかった。しかし、タッチダウン現像方式ではキャリアとの混合によるトナーへの帯電付与とトナー薄層形成にキャリアと電界を用いることで、トナーに均一な帯電を付与しながらストレスを与えることなく現像ロールにトナー薄層を形成することができ、寿命と高画質の両立が可能な方式といえる。

　この方式のトナーが現像される過程は次の通りである。図8に示すように、現像器のミキサーにより均一混合された現像剤は、ドクターブレードによって流量を一定に規制され、マグネットロールの磁極パターンにそって現像ロールの対向する領域まで搬送される。その後、電界にてトナーのみが現像ロールへ転移し、現像ロール上にトナー薄層を形成し、さらに電界にてトナーが感光体へ現像する。現像は感光体と非接触にして、トナーへのストレスの低減と高画質化を狙った。

5.3 タッチダウン現像の制御

　次に、現像バイアスについて図9で説明する。マグネットロールと現像ロールにはそれぞれ直流・交流電圧を印加している。マグネットロールと現像ロール間を狭くすることで、瞬時に現像ロールへトナー薄層を形成することができ、さらに磁気ブラシに交流を重畳させた電圧を印加

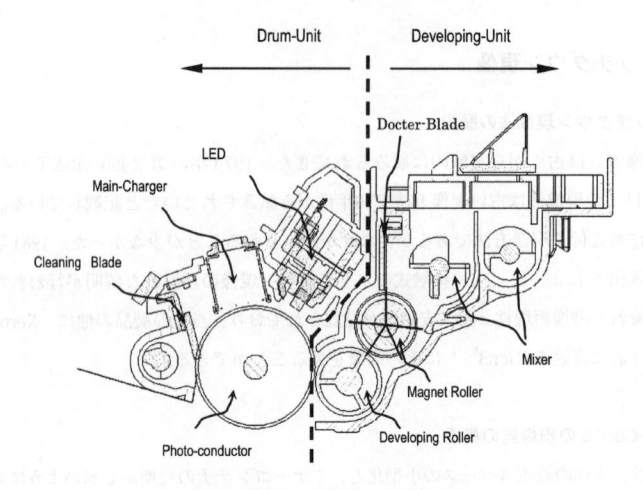

図8 感光体，現像器レイアウト

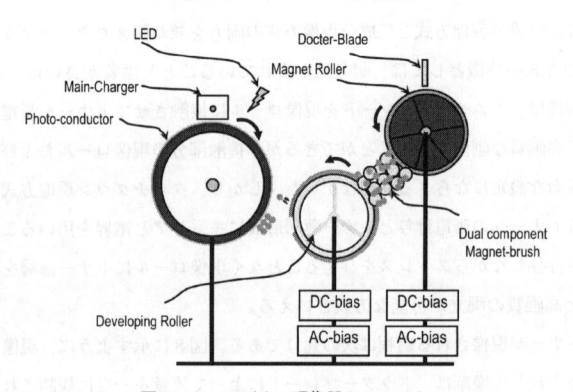

図9 タッチダウン現像器とレイアウト

しており，より大きな効果を得ることができた。現像ロールには，感光体へトナーを飛翔するのに必要な直流・交流電圧を印加することでトナーを安定的に現像することができる。

　タッチダウン現像方式の問題点としては，現像ロール上の未現像トナーを磁気ブラシにて回収し，新たに混合された現像剤のトナーと入れ替えるところにある。未現像トナーは，現像ロールに残留し続けると，現像ロールへの付着を引き起こし，その結果画像濃度低下を発生させることがある。

第 3 章　KMC LED プリンタ

5.4　ゴースト対策

　また，現像した薄層領域とそうでない領域のトナーの状態を平滑にしないと現像ゴーストが発生する。これらを防止する為には，トナー薄層が常に均一に形成される必要がある。これらの課題を解決するために，第一には現像ロール上の残留トナーをマグネットロールに回収する方向に強くなるように交流のDuty比を大きくなるように設定した。さらに，剥ぎ取りの補助的効果を高めるために，マグネットロールと現像ロールをカウンター方向に回転させた。第二としてトナー薄層を瞬時に形成するために，磁気ロールには現像ロールと逆位相の交流を印加して，現像ロールと磁気ロール間の電界作用を強めている。しかし，電界強度を高めるとマグネットロールと現像ロール間で局部的にリークを誘発することがあり，その予防としてマグネットロール表面抵抗を調整することも有効である。

　また，現像ロールにも同様の処理を施すことで，現像リーク等の画像不具合に対しても有利になる。図10は上記の課題解決に取り組む前後の現像ゴーストの例である。現像ゴーストは，基本的に現像ロールの外径周期で現われる。現像ロール一周目でプリントした箇所の濃度が二周目以降低下して，背景部と濃淡差が目だってしまう現象である。改善後は目立たなくなっていることがわかる。

　最後に，カラーの濃度調整について説明する。現像後のトナー量を濃度センサーで読み取って，マグネットロールに印加しているバイアスにフィードバックする制御で，タッチダウン現像方式では薄層のトナー状態が安定することが重要で，層形成の電位差を調整することで，現像性の安定性を維持している。現像ロール上の薄層トナー表面の電位と感光体の電位差が特に重要であると考えたからである。FS-C5016Nでは，現像ロール上のトナー薄層を常に一定の状態にする制御によって安定した画質を維持する事が可能になった。

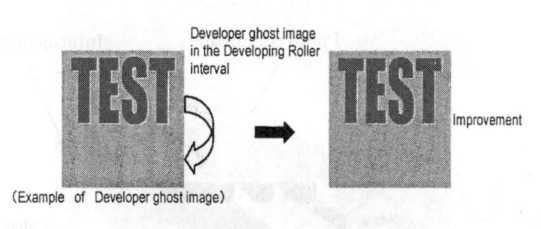

図10　現像ゴースト対策
(巻頭カラー参照)

6　タンデム中間転写方式

6.1　弾性ベルトの構成

　FS-C5016Nの中間転写ベルトは，図11に示すような多層構造の断面となっている。上部からフッ素樹脂コート層，ゴム弾性層，基材の樹脂層である。この転写体の大きな特徴はシームレスでありながらゴム弾性層を有し，ベルトの駆動安定性とトナーの転写性向上の両立を図った点で

ある。すなわち，樹脂層によって色ずれの要因になる搬送方向の伸縮防止を図り，ゴム弾性層によってトナーの転写性の向上を図っている。当社での実験によれば，ゴムの硬度にもよるが100μから500μの弾性層があれば顕著な効果が得られる事が判明した。また，フッ素樹脂層は，ベルト表面の自由エネルギーを低下させ，トナーの離型性(中間転写ベルトから用紙への最終転写性)，感光体との滑り性，最終転写後におけるベルト表面の転写残トナーのクリーニング性向上とベルト表面の汚染防止を目的として配している。しかし，フッ素樹脂は負極性の帯電を有するため＋極性のトナーと静電気的に吸着してしまうことにより，2次転写性が急激に悪化するといった欠点を持つ。そのため，フッ素樹脂層のコート剤の配合によって，帯電の調整を図った。

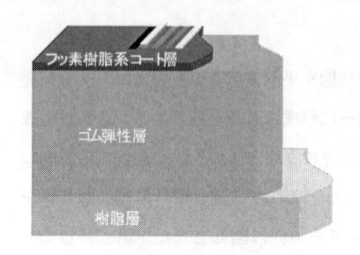

図11　中間転写ベルトの断面構造

また図12に転写システムのレイアウトを示す。各画像形成部においては，感光体から中間転写ベルト表面へのトナーの転写（1次転写）を行う際，ベルトの裏面から転写電圧を印加するため1次転写ローラとして弾性体ローラを配し，ベルトを感光体へ押圧することにより，転写部におけるニップ形成をおこなっている。また，中間転写ベルトから用紙への最終転写（2次転写）は，ベルト支持ローラ部分において弾性体ローラによる転写方式である。この多層構造の弾性中間転写ベルトを新規に開発したことで，2回転写でありながら90％以上の転写効率が達成できた。

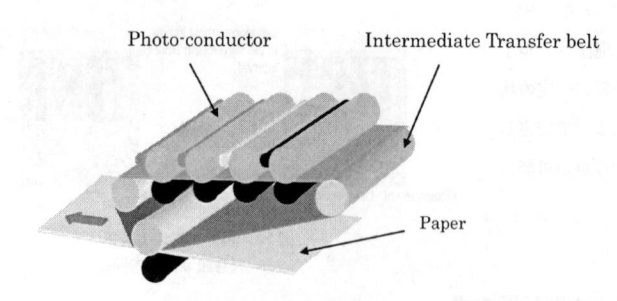

図12　ベルト転写システム

6.2　弾性ベルトによる高画質化

従来，中間転写体のベースとなりうる材質に関しては，樹脂フィルム(ポリイミド，ポリカーボネート，ポリフッ化ビニリデン等）と弾性体（ゴム）が考えられるが，FS-C5016では中間転

第 3 章　KMC LED プリンタ

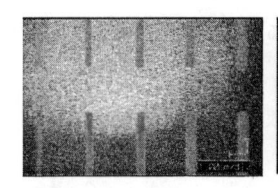

Rubber belt　　　　　　Resin belt

図 13　弾性ベルトの転写性
(巻頭カラー参照)

写体材質は樹脂と弾性体の結合ベルトを採用している．弾性体選択に際しては，転写性能に関わるところが大きく，特に文字中抜けに関しては，トナー同士の凝集や感光体への付着力が大きく関わっており，それらを助長する応力を緩和する効果がある弾性体は樹脂フィルムとの比較を図 13 に示す．

また，文字中抜けに関しては，用いられるトナーの性質に依存するところが大きく，特に粉砕トナーとケミカル（重合）トナーにおける形状の差が起因しており，より球形に近い後者のほうが転写性，文字中抜け等に優位性をもつ．FS-C5016N においては粉砕トナーを採用したが，中間転写体に弾性体を採用したため各種メディアに対しても充分な転写性能を確保することができた．

6.3　多様なメディアに対応

中間転写ベルト方式を採用することにより，ベルトへの用紙の吸着が不要となり，また 2 次転写部分においてもベルトバックアップローラを配したことで用紙とベルトの小径分離が可能となり，様々なメディアに対応することができた．

7　おわりに

我々は，FS-C5016N を含む当社のすべての商品開発コンセプトとして，主要ユニットの長寿命化による廃棄部材の削減を行うことで印字コストの低減を追求してきた．また，従来のモノクロ機のペーパーフィーダやソフトウエアなどがそのまま使えるなど，互換性を高めることでモノクロユーザーがスムースにカラー化へシフトすることを可能にし，部材のロスを考慮した製品となった．

技術面においては，自社デバイスの機能や要素技術をこの商品に集結させ，従来の商品と差別化を図った．カラープリンタにおいては単にモノクロの要素技術を組合せるだけではなく，新規

のカラーコア技術の開発が必須であると考える。当社のFS-C5016Nが今後のカラー機開発の参考になることを願う。

文　献

1) T. Nakazawa, A. Kawahara, Y. Mizuta, E. Miyamoto, N. Mutou, S. Ooki, T. Hosoda, *Denshishasin-Gakkaishi*, **33** (2), 127 (1994)
2) E. Miyamoto, A. Yashima, H. Honma, K. Nakamura, T. Nakazawa, *Japan Hard Copy 2000 Fall*, 28 (2000)
3) Y. Mizuta, E. Miyamoto, J. Azuma, T. Nakazawa, *Japan Hard Copy 2004*, 175 (2004)
4) P.G Andrus, J.M. Hardenbrook, and O.A. Ullrich: SPSE Second International Conference p.62, 1974, "Microfield Doners for Touchdown Development"
5) 保坂，米田，電子写真学会誌，第19巻，第2号 (1981), "ダッチダウン現像法"
6) 安部高志，iGen3 デジタル・プロダクション・プレス-SmartPress Technology- *Japan Hardcopy 2004* ビジネスセッション要旨集, 1-6 (2004)
7) R. Lux, H. Yuh, IS&T's NIP20：2004 International Conference on Digital Printing Technologies p.323, "Is Image-on-Image Color Printing a Privileged Printing Architecture for Production Digital Printing Applications?"

第4章 MACHJETインクジェットプリンタ

北原　強*

1　はじめに

　近年インクジェットプリンタの高画質・高速化と低価格化の急激な進展には目を見張るものがある。今や本格的なホーム・フォトラボ環境を個人の手に届く価格帯で手軽に構築することも現実的になってきている。これはプリンタの高性能化・低価格化や使い勝手の向上，パソコンの処理能力の向上やソフトウェアの充実，高解像度デジタルカメラの普及といった大きな環境変化に起因しているといえる。インクジェットプリンタの性能向上は，耐光性・耐ガス性・耐水性に優れた高機能インク技術や専用メディア技術の開発，高精度メカニズム技術や画像処理技術の進歩，とりわけ数pl（ピコリットル）という微小なインク滴の吐出過程を極めて高精度に制御できるインクジェットヘッド技術の進歩によるところが大きい。

　そこで本稿では，MACHヘッドの構造とMACHヘッド最大の特徴であるメニスカス制御技術について解説する。

2　MACHの高性能化の推移

　我々はメニスカスやインク滴の制御性の良さとインク選択の自由度の高さに着目してピエゾ素子を用いたインクジェットヘッドに注力して開発を進めてきた。当初，ピエゾを用いたヘッドは多くの機械的な加工工程を必要としたため大きく高価であるといわれていたが，ピエゾを積層し小型化したMLA（Multi Layer Acutuator）を用いることで加工組立工程を劇的に削減しヘッドの小型化，高性能化，低コスト化を図れるようになった。MACHは1993年にMJ500に搭載し商品化されて以来，印刷速度と印刷品質の高性能化を図りながら継続的に開発・商品化を進めてきた。我々はMLAを用いた2方式のMACHを商品化している。その一つが積層ピエゾのd31縦振動モードを利用したMLP（Multi Layer Piezo）方式であり，もう一つがピエゾとジルコニア（ZrO_2）をセラミック一体焼成で積層形成し，撓み振動モードを利用したMLChips（Multi Layer Ceramic with Hyper Integrated Piezo Segment）方式である。

---

* Tsuyoshi Kitahara　セイコーエプソン㈱　IJX開発部　部長

表1 MACHヘッド高性能化の変遷

Model name	PM-700C	PM-750C	PM-770C	PM-800C	PM-900C	PM-970C
Sales age	1996	1997	1998	1999	2000	2002
Head type	MLChips	MLChips	MLChips	MLChips	MLP	MLP
Number of nozzles（Black）	32	32	48	48	96	360
（Color）	32*5color	32*5color	48*5color	48*5color	96*6color	180*6color
Arrangement density	90dpi	90dpi	120dpi	120dpi	180dpi	180dpi
Maximum discharge frequency	14.4kHz	14.4kHz	28.8kHz	28.8kHz	26kHz	45kHz
The amount of minimum droplet	19pl	10pl	6pl	4pl	2pl	1.8pl

表1に代表的なMACHの高性能化の変遷をまとめた。表中の最大吐出周波数とは速度優先モードでの駆動周波数であり、最小吐出インク量とは画質優先モードにおいて吐出させる最小ドロップの体積のことである。

エプソンは1994年に720dpi対応の4色プリンタMJ-700V2Cの発売を皮切りに年を追う毎に高画質化と高速化を進めてきた。1996年にはライトシアンとライトマゼンタインクを加えて画素の粒状性を劇的に低減させた6色印刷プリンタPM-700Cを発売し写真画質を提唱した。更に1997年から2001年にかけて2plまでの更なるマイクロドット化とMSDT（Multi-Sized Dot Technology）による多様な階調表現手段を実現し印刷メディアや画像処理技術の発展と合わせて写真画質を超えるアウトプットを得られるまで進化した。そして2002年秋には、更なる高画質と高速印刷を両立するために、ノズル数と周波数応答性を従来比約2倍、最小インク滴サイズとして1.8plを吐出するPM-970Cを発売した。更に、2003年秋には1.5plのインク滴を吐出するPX-G900を発売するに至っている。

3 新開発MACH方式のヘッド構造

先にも述べたようにMACHにはMLPタイプとMLChipsタイプの2種類のヘッドが存在する。それぞれのヘッドの構造と特徴について解説する。

3.1 MLPタイプの構造

図1はPX-G900に搭載されているMLPタイプMACHヘッドの外観写真である。ノズル間ピッチ180dpi 1列180ノズルのノズル列が8列形成されている。それぞれのノズル列に8色のインクが割り当てられている。MLPは縦振動のアクチュエータを用いていることから圧力室の高密度配列と徹底した小型化が行えるという利点がある。その結果、ヘッドの多ノズル化とインク滴の微小化に適した構造であるといえる。

図2に示したヘッド構造の概略図をもとに、インク滴吐出の更なる高性能化を実現したヘッ

第4章 MACHJETインクジェットプリンタ

図1 MACHヘッドの外観

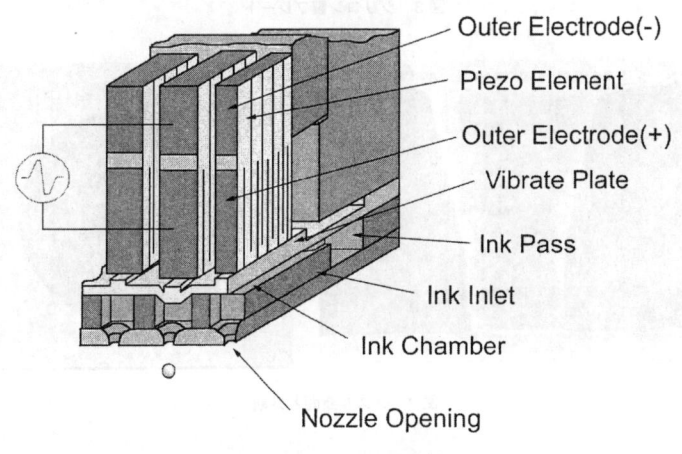

図2 MLPタイプの構造図

ド構造について解析する。アクチュエータは約20μm厚のピエゾグリーンシートと電極とを交互に積層し焼成したセラミックMLAである。MLA部は固定板に接着したバルク状のMLAを約140μm（180dpi）ピッチの櫛歯状振動子に切断した構成である。周波数応答性を向上させるためPX-G900に搭載されているアクチュエータの自由長は従来機種の約1/2に設定されている。

圧力室は流路となる部分を異方性エッチングした図3に示すシリコン製プレートをノズルプレートと弾性板でサンドイッチした構成であり、深さ約80μmのハーフエッチング部が圧力室

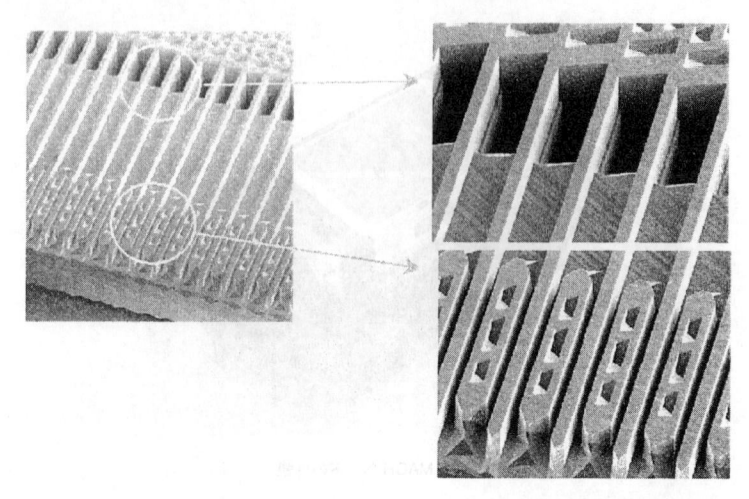

図3　シリコン製プレート

図4　ノズル断面と外観

となっている。圧力室はノズル直下の連通孔でノズルと連結されている。この形状は隔壁を介した隣接圧力室との干渉を防止するとともに隔壁の撓みとインクの圧縮性によるコンプライアンスの劇的な低減に役立っている。その結果MLAの振動をレスポンスよくメニスカスの運動に伝達できるようになっている。

3.2　MLChipsタイプの構造

次に，MLChipsタイプのMACHヘッドの特徴について解説する。図5はMLChipsの主要部の詳細を示している。

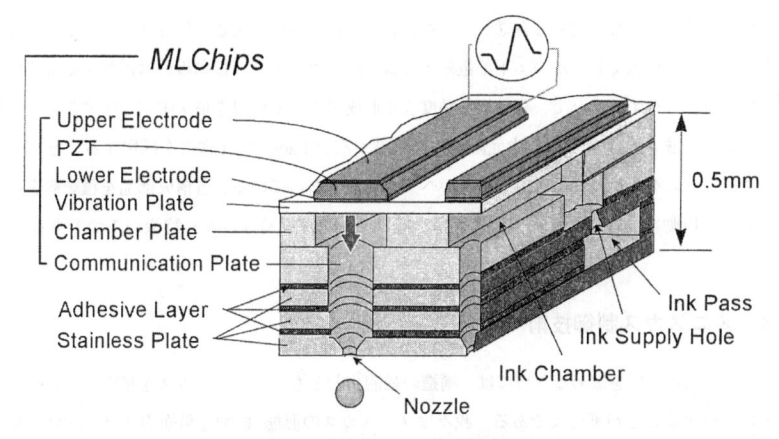

第4章 MACHJETインクジェットプリンタ

図5 MLChipsタイプの構造図

　MLChipsの特徴は積層構造から構成されているアクチュエータ部をセラミック一体焼成で積層形成し，撓み振動モードにより変形する方式を採用していることである。ジルコニア（ZrO_2）セラミックスからなるインク室，振動板およびピエゾ素子を一体的に形成していることから，振動特性の不変性に優れ，インク室間の相互影響を可及的に小さくすることができる。

　また，セラミックスの材質的特徴から，化学的にも機械的にも極めて安定しているため，多様なインク種への対応性，耐久性に優れた構造でもある。図6はMLChipsのアクチュエータ外観であるが，チップサイズ約10mmに圧力室が96室配置されている。アクチュエータの動作原理はピエゾ素子と振動板とのバイメタル効果による撓み変形であって，ピエゾ素子の上下面に形成された上部電極，下部電極に駆動信号を印加することによって，インク室の体積を拡大，縮小させて，ノズルよりインクを吐出させるものである。

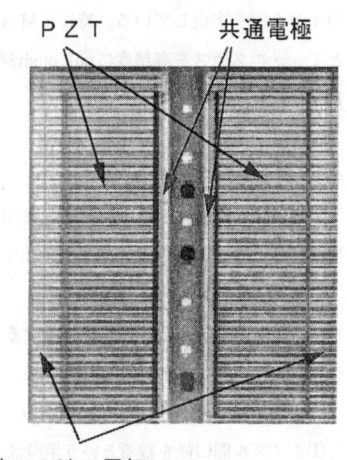

　MLChipsタイプのアクチュエータも駆動信号に非常に良く追随して動作するため，メニスカスの制御を正確に行なうことができる。ただし，動作原理が撓み振動モードであることにより，

図6 アクチュエータユニット

その特性はインク室幅に対する有効ピエゾ幅，および位置精度に大きく依存する。そこで下部電極よりピエゾ幅を広くし，かつ，下部電極からはみ出したピエゾは振動板とは遊離するように形成している。こうすることで，有効幅を精度よく形成でき，変位量を最大限引き出すことを可能にしている。また，ノズルに2次元配列の自由度が高いFace Eject構造を採用することで，コンパクトでカスタマイズ性に対応しやすいヘッド構造になっている。各構成部品を積層構造にしたことで，自動組立性にも優れ，大量生産，低コスト化が容易なことも特徴の1つである。

4 メニスカス制御技術

ヘッドの高性能化を進めるためには，構造の最適化とともに，メニスカスを精密かつ正確にコントロールすることが不可欠である。我々はメニスカスの形態・振動を積極的にコントロールするメニスカス制御（AMC：Advanced Meniscus Control）を用いて様々な体積・速度・飛翔形態のインク滴を実現している。特に，MACHヘッドはアクチュエータへの印加電圧を調整することで，メニスカスを高精度にpull push制御することができる。この点がMACHヘッドの特徴の1つである。

4.1 微小インク滴の形成技術

高画質化を実現するためにインク滴の体積を微小化し記録媒体上での画素サイズを絞りこむ必要がある。インク滴のサイズを微小化するための一般的な技術的アプローチを以下に示す。

①ノズル開口の断面積を絞る。
②メニスカスをPull-Push制御する。
③インク滴の吐出過程を短縮する。
④駆動電圧やパルス幅を調整する。

①：ノズル開口径を絞るという手段はインク滴のサイズを低減するうえで最も有効な選択の一つである。新開発MACHヘッドでは$\phi 20\mu m$のノズル径を採用している（図4）。

②：メニスカスコントロールはアクチュエータとして圧電素子を用いたMACHヘッドの最大の特徴である。メニスカスを高速に，また高精度にPull，Pushコントロールすることでインク滴のサイズ，飛翔形態や周波数応答性を制御している。図4に示すノズルプロファイル（断面写真）を用いることで，メニスカスを常時安定的な形状でPull・Pushコントロールすることができる。

③：インク滴の吐出過程を短縮するという手段はインク室を小型・高剛性化し圧力室の固有振動周期を短縮しMLAの動きに対するメニスカスの応答性を高めることで実現している。

④：駆動波形調整は，インク滴の飛翔形態や飛翔速度を維持できる範囲で実施されるべきで

第4章　MACHJETインクジェットプリンタ

ある。

ヘッドの高性能化を進めるためには，構造の最適化とともに，メニスカスを精密かつ正確にコントロールすることが不可欠である。我々はこのメニスカスの形態・振動を積極的にコントロールするAMCを用いて様々な体積・速度・飛翔形態のインク滴を実現している。

4.2　インク滴変調技術

図7は高画質・高速印刷を実現するための核となる記録技術であるMSDT（Multi-Sized Dot Technology）に用いた駆動信号を表している。EM900Cに搭載されたMACHヘッドのMSDTは大中小の3種類（3pl・10pl・19pl）のインク滴を自在に吐出可能で，記録媒体上に滑らかでリアルな画像を効率良く印刷することができる。

駆動波形［A］は駆動信号発生回路が生成する基本波形であり，波形［B］は基本波形のPart1で形成されていて，メニスカスを揺動させノズル開口近傍の増粘したインクを拡散し3plといった微小なインク滴の吐出不良を未然に防止するために用いている。B1はメニスカスが静定している状態であり，B2はMLAに緩やかに充電することで圧力室の体積を拡張しメニスカスを僅かノズル内に引き込む動作を表わしている。波形［C］は基本波形のPart2で形成されていて，3plの小ドットを吐出する波形である。まずC1のメニスカスが静定している状態から急激にMLAに充電して圧力室の体積を拡張しメニスカスを素早くノズル内に引き込む。次に一旦引き込まれたメニスカスが再びノズルを満たす方向に振

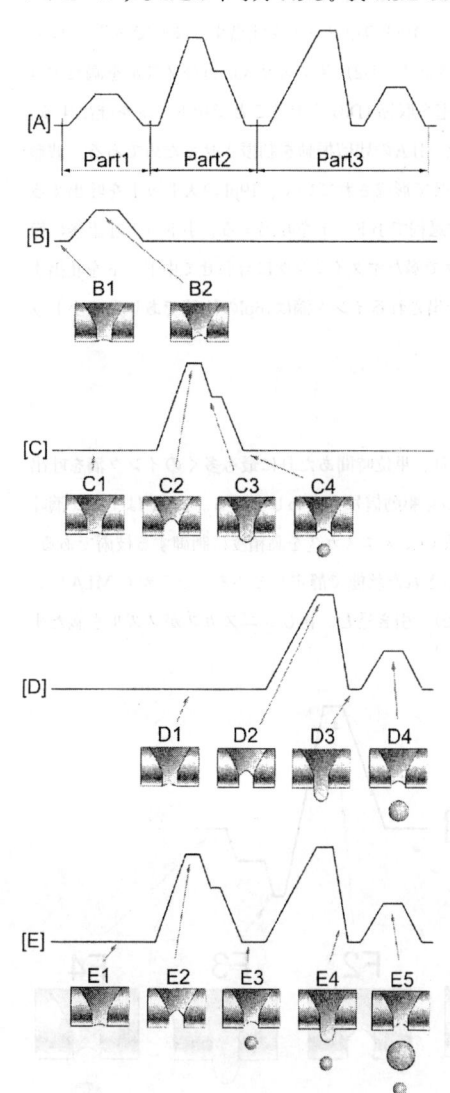

図7　MSDTに用いる駆動波形

動を開始するタイミングに合わせて圧力室を僅かに縮小（C3）することで世界最小3plのインク滴を飛翔させている。放電を途中休止した後の2度目の放電（C4）は吐出動作後のメニスカスやMLAの残留振動を制振させるとともにインク滴の飛翔形態を制御する役目を果たしている。波形 [D] は基本波形のPart 3 で形成されていて，10plの中ドットを吐出する波形である。D1の静定状態から緩やかに大きくメニスカスを引き込み（D2）メニスカスが再びノズルを満たす方向に向かうタイミングに合わせて急激に圧力室を収縮（D3）させることで中ドットを吐出する。D4でMLAに充放電しているのはメニスカスやMLAの残留振動を制振させるためである。波形 [E] は基本波形のPart 2 と Part 3 を組み合わせて形成されていて，19plの大ドットを吐出するための波形である。まず，E1，E2，E3に示す過程で小ドットを吐出する。小ドット吐出後に僅かに残留する圧力室の振動がノズル内をインクで満たすタイミングに合わせて中ドットを吐出する波形をMLAに印加する。E4，E5の過程で吐出されるインク滴は16plの体積であり先の小ドットと合わせて19plのインク体積を得ている。

4.3 応答周波数の向上技術

図8はメニスカス制御（AMC）の一つであり，単位時間あたりに最も多くのインク滴を吐出する技術であるPP2P（Pull Push 2Pull）に基づく駆動信号を表わしている。PP2Pはインク滴吐出前，吐出時，吐出後のすべてのプロセスにおいてメニスカスを高精度に制御する技術である。

図中（F1）ではMLAには中間の電位が印加された状態で静定している。そこからMLAに充電することで急激にメニスカスをノズル内（F2）に引き込む。再びメニスカスがノズルを満たす方向に振動するタイミングに合わせてMLAをダイナミックに伸長させることで，MLAの動きに追従して圧力室が収縮し，その結果メニスカスが突出して（F3）インク滴を吐出する。更にメニスカスとMLAの残留振動を制振させるタイミングで中間電位まで再充電（F4）する。

PP2Pを用いてメニスカス振動の励起と制振を素早く繰り返すことで新開発のMACH

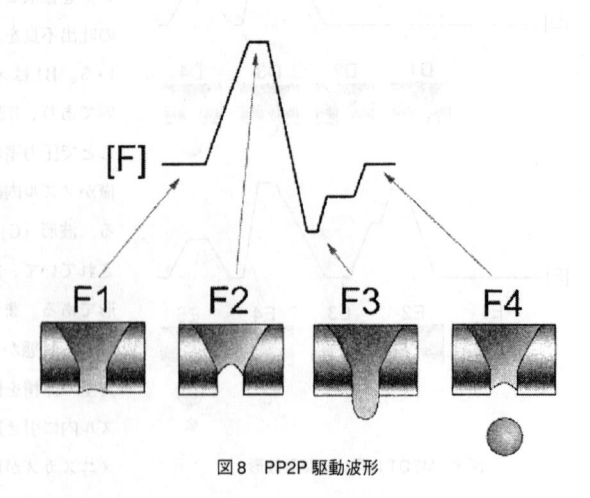

図8　PP2P 駆動波形

第4章　MACHJET インクジェットプリンタ

ヘッドでは 45kHz の周期でインク滴の吐出の ON/OFF を制御することができる。

5　おわりに

2方式（MLP, MLChips）の MACH ヘッドの構造とメニスカスコントロール方法（AMC，MSDT, PP2P）について述べてきた。

今後 MACH ヘッドは，インク滴を微小化して吐出する技術，吐出液選択性の自由度の高さ，インク滴体積の変調機能といった長所を更に進化させ，写真を代表とするハードコピー分野をはじめ，様々なマーキング技術分野においてますます発展していくものと確信している。

文　　　献

1) 碓井稔：「新方式MACH（MLChipsタイプ）の開発」, Japan Hardcopy' 96論文集, p.161（1996）
2) 片倉孝浩：「インクジェットのマイクロドット化とマルチサイズドット技術」, 電子情報通信学会　信学技報, Vol.98 No.623 p.27
3) 北原強：「MACHの開発（3 plドロップの吐出技術）」, Japan Hardcopy' 99, 日本画像学会, p.335（1999）
4) 北原強：「MACHの開発（1.8plドロップの吐出技術）」, Japan Hardcopy' 2003, 日本画像学会, p.217（2003）

第5章　GELJETプリンタ

亀井稔人*

1　はじめに

インクジェットプリンタはハガキ印刷，光沢写真印刷等のパーソナル用途を中心に家庭用プリンタとして広く普及してきた．近年，本体価格の低下，耐水性に優れた顔料インクの搭載により，オフィスにてビジネス用途のプリンタとしても使用され始めてきている．

本製品GELJETプリンタ IPSiO G707/G505はリコー独自のGELJETテクノロジーを搭載することにより，これまでインクジェット方式では難しいとされていた普通紙高画質，高速両面印刷，および低ランニングコストを実現し，ビジネス用途としての快適印刷を提供する新しいタイプの

表1　IPSiO G707/G505 仕様（印刷速度）

商品名		IPSiO G707	IPSiO G505
連続プリント速度	モノクロ（チャート①にて出力）	20ppm	19ppm
	カラー（チャート②にて出力）	20ppm	19ppm
	モノクロ（チャート③にて出力）	14ppm	9 ppm
	カラー（チャート④にて出力）	8.5ppm	7 ppm
ファーストプリント	モノクロ（チャート③にて出力）	6.0 秒以下	7.5 秒以下
	カラー（チャート④にて出力）	9 秒以下	10 秒以下

モノクロ（チャート①），カラー（チャート②）はリコー製作チャート，
モノクロ（チャート③）はJEITA標準パターンJ1，カラー（チャート④）はJEITA標準パターンJ6

表2　IPSiO G707/G505 仕様（その他）

商品名		IPSiO G707	IPSiO G505
解像度		最高3,600×1,200dpi相当	
ノズル数		C/M/Y/Bk×各色384ノズル	C/M/Y/Bk×192ノズル
給紙モード		標準トレイ・手差し 増設トレイ（オプション）	標準トレイ 手差し
消費電力	省エネモード	6W以下	
	動作時平均	30W以下（オプションを除く）	27W以下（オプションを除く）
外形寸法		W490×D460×H218 W490×D460×H328（増設トレイ）	W403×D440×H218 W403×D460×H218（両面ユニット装着時）

* Toshihito Kamei　㈱リコー　戸田技術センター　GJ事業部　GJ設計統括部　PM室　室長

第5章 GELJETプリンタ

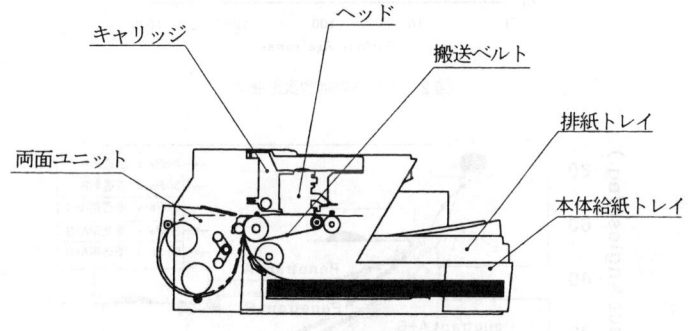

図1 IPSiO G707/G505の構成

インクジェットプリンタである。本製品の主な仕様を表1,表2に示す。また,構成図を図1に示す。

2 GELJETテクノロジー

2.1 GELJETビスカスインク

　現在普及している一般的なインクジェットプリンタでは,普通紙の滲みを抑えるため黒顔料を用いた緩浸透性インクが使われている。このインクの短所としては浸透が遅いため,乾燥するまでの待ち時間を要すること,また定着性が低く擦れ汚れが発生し易くなるという点があった。そのため,高速印字時のスタック性や両面生産性を上げるにはヒーター過熱等の乾燥補助手段が必要と考えられていた。

　GELJETビスカスインクは高粘度高浸透性の顔料インクとすることにより,補助手段を用いず,滲みを少なく,また,裏抜け濃度を低くすることを実現した。以下,その詳細を説明する。

　第一の特徴として,全色顔料を採用しているという点である。ビジネス用途に要求される普通紙画像品質,および画像保存性（耐水性,耐光性）という点から顔料を採用した。

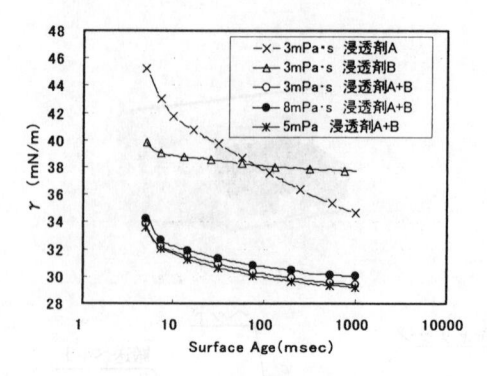

図2 インクの動的表面張力

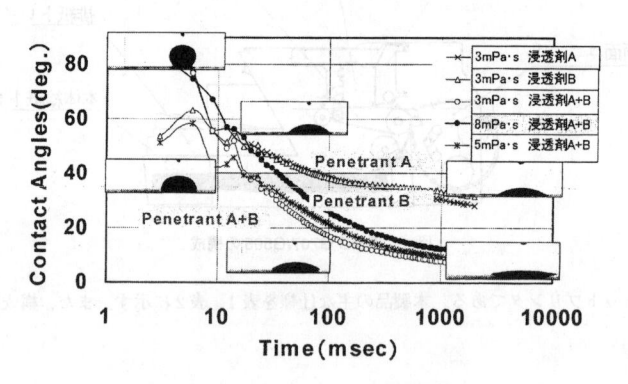

図3 Type6200紙上でのインクの動的接触角

次にインクの物性値の特徴として,高粘度,高浸透性が上げられる。インク中の色材濃度,溶媒組成をパラメータとして,表面張力,粘度の異なるインクについて普通紙での印字特性を比較した。

図2は最大泡圧法により測定した動的表面張力である。図3はインク5 μl を普通紙に接触させた際の動的接触角の変化を示している。8 mPa·s の高粘度でありながら,浸透剤AとBを組み合わせたインクは高い浸透性を示している。

一般にインク粘度が高ければ滲みにくいが浸透性が不十分となる。本インクは,種々の組成で浸透性の評価を行い,2種類の浸透剤を組み合わせることで紙への浸透性を向上させた。その動的表面張力は10〜100msecとなり,高粘度でありながら紙への浸透性に優れるインクを実現した。

次にインクが紙に着弾する前後の挙動を説明する。図4はインクが紙に着弾する時に想定さ

第5章 GELJETプリンタ

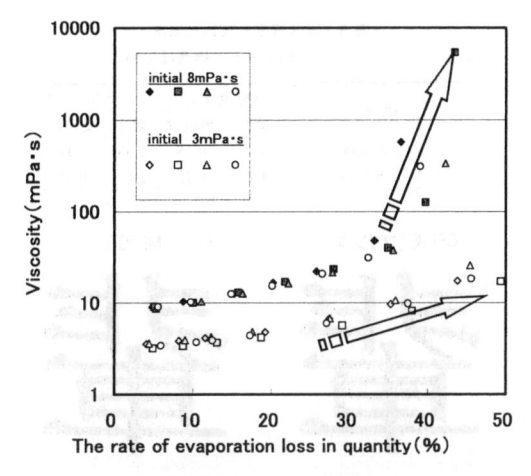

図4 乾燥によるインクの粘度変化

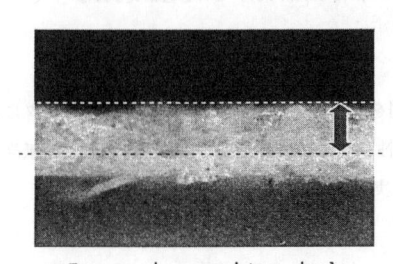

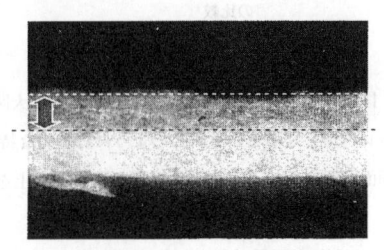

図5 シアン印刷紙の断面

れる水分減少による粘度変化の状況を示す。色材濃度5％の粘度3mPa·sの低粘度インクは蒸発減量に伴う増粘はわずかで、その性状は流動性を保持している。一方、色材濃度10％の粘度8mPa·sの高粘度インクは蒸発減量30％を超えると急激に増粘し、水、保湿剤を含んだ状態で流動性が低下し、その性状は広義のGEL状態となる。

紙への浸透性に優れ、かつ水分蒸発による急激な増粘ゲル化という特性を持つことにより、従来の浸透性インクにくらべ、紙の表面側にインクが留まりやすく、画像濃度が高く裏抜けが少ないインクとすることができた。

図5にシアン部べた部断面の浸透の様子を示す。低粘度インクにくらべ表側に留まっていることがわかる。

表3に普通紙標準はやいモードでの低粘度の浸透系インクとの画像特性比較結果を示した。

表3 画像濃度と裏抜け濃度
(印刷モード:標準はやい)

紙種	低粘度インク		ビスカスインク	
	濃度	裏抜け	濃度	裏抜け
タイプ6200	1.17	0.18	1.28	0.15
マイリサイクルペーパー	1.08	0.15	1.15	0.09

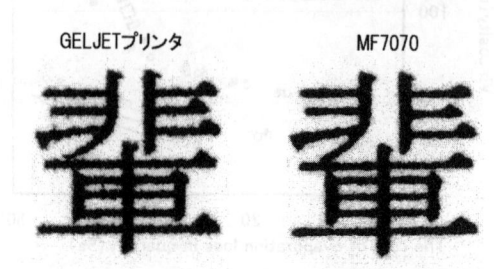

図6 GELJETプリンタとレーザプリンタ(RICOH MF707)との普通紙文字画像の比較

図6には普通紙高画質モードでの文字拡大図を示す。その文字品位はレーザープリンタに迫るレベルとなっている。このように特徴的な特性を有するGELJETビスカスインクは普通紙高速両面印刷に対応し、さらに普通紙画質の向上を実現した。

2.2 GELJETワイドヘッド

2.2.1 ヘッドの構造

ヘッドはクラス最大の1.27インチの長さで、1列内に192個のノズルを2列千鳥配置し、合計384ノズルを有している。今回開発したIPSiO G707は1ヘッド1色とした4ヘッド構成モデルで、IPSiO G505は1ヘッド2色とした2ヘッド構成モデルである。

アクチュエータは積層圧電(ピエゾ)方式を採用しており、圧電素子に発生させる圧電歪を積層厚み方向(d33)に変位させ、振動板を通して圧力発生室を励振し、その容積変化でノズルからインク滴を噴射させている。

また、液室を構成する部材に半導体製造技術を応用したシリコンを採用することで、高精度加工を可能にし、さらに、図7のようにピエゾの不活性層部で支持できるように新開発した振動板形状を採用し剛性を上げている。

この高剛性の液室構成により、従来ヘッド(1998年7月に発売したIPSiO JET 300の搭載ヘッド)との比較において、等価モデルでのシミュレーション計算結果から圧力発生室内の圧力は約

第5章　GELJETプリンタ

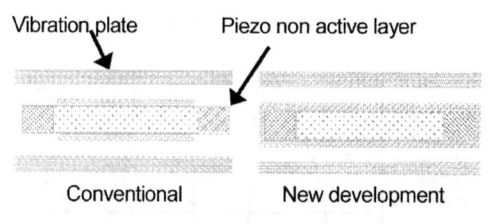

図7　振動板と不活性層部

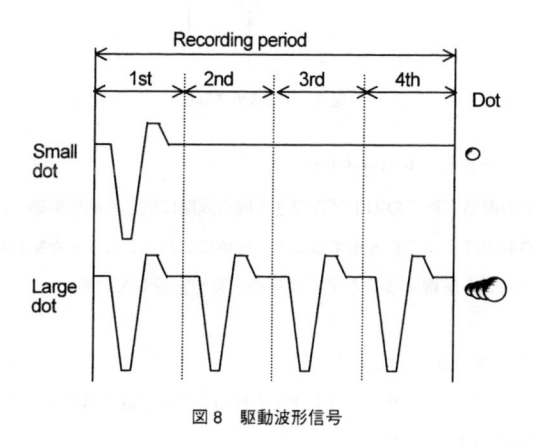

図8　駆動波形信号

4倍,固有周期は約1/2となった。GELJETワイドヘッドの新開発技術により,圧力発生室の高剛性化を達成し,固有周期の短縮を図り,高粘度のGELJETビスカスインクを高周波数で噴射させることができた。

2.2.2　駆動制御技術

図8に圧電素子に印加する駆動電圧信号を示す。インク滴の噴射特性は圧力発生室への励振強度と固有周期で決まるため,圧力発生室の固有周期を利用した駆動制御を行うことで,M-Dot (Modulated Dot Technology)を実現でき,5pl～36plのインク滴を作り出すことが可能となった。最も大きな36plの滴を形成する場合には発生パルスを4パルス使用し,パルス数分の小滴を噴射させた後,空中で滴を合体させ,紙へ着弾させる技術を開発した。1種類の駆動電圧信号から,パルスを選択することで,大中小3種類のインク滴サイズ変調を行うことが可能となった。

また,インク滴噴射前後のメニスカス状態を図9に示す。インク滴を高周波数で安定に噴射させるための技術として,駆動電圧信号のパルスに制振駆動部を設けた。これにより,メニスカ

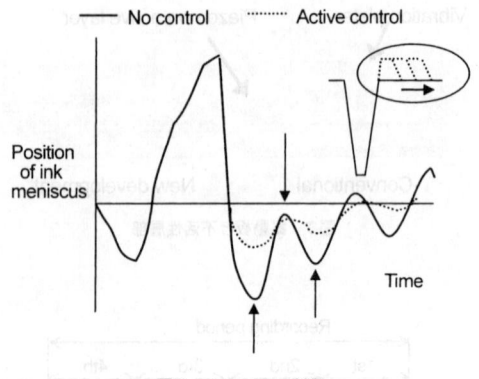

図9 メニスカス制御

スの状態を常に一定に保つことが可能となった。
　さらに，ヘッドの製造工程での加工ばらつきを固有周期に応じた制振駆動部のタイミングを選択することで，噴射のばらつきを補正することを可能にした。このような駆動制御技術を用いてGELJETワイドヘッドを制御することで，高速高画質を実現している。

2.3 GELJET BTシステム

　用紙搬送システムには，レーザープリンタでも使用している静電吸着ベルトを用いたGELJET BTシステムを採用している。
　一般的なローラ搬送方式の場合，ヘッド前後のローラで紙を引っ張り合って印刷するため，片側のローラが外れた状態で印刷しなければならない用紙先端部や後端部は，印刷品質が不安定になり易く，大きな余白を取ることが多い。図10に示すGELJET BTシステムでは，用紙全面をベルトに吸着させることにより用紙のたわみを押さえて，用紙先端部から後端部までプリント領域を充分に確保でき，レーザープリンタ同等の余白3mmを実現している。また，用紙全面を吸着させて搬送することにより，用紙にダメージを与えることなく高速で高精度な自動両面用紙搬送を実現した。

2.4 画像処理
2.4.1 レベルカラー印刷

　カラー印刷はモノクロ印刷と比較するとランニングコストは高くなる。この理由はYMCK4色のインクを使用する場合，2次色であるRGBを表現するのに，RはMとY，GはCとY，BはCとMの減法混色となり，混色分のインクを消費することになるからである。レベルカラーとは

第5章　GELJETプリンタ

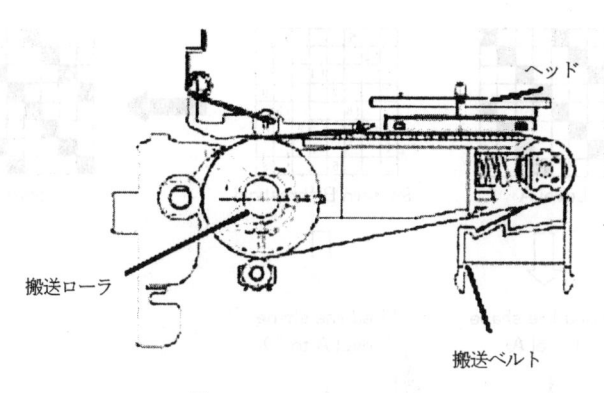

図10　GELJET BTシステム

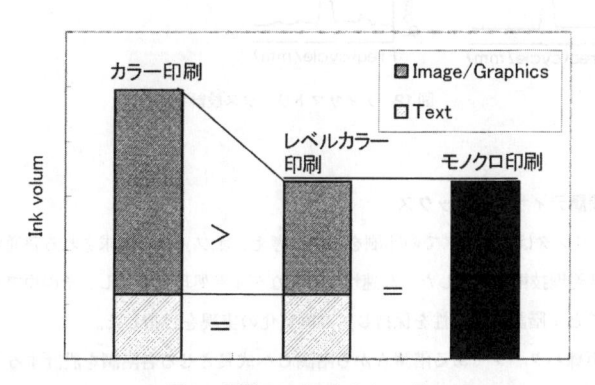

図11　印刷モードによるインク量

ランニングコストをモノクロ印刷と同等コストにするためのカラー印刷画像処理技術である。

　ランニングコストはページ当たりの紙へのインク使用量から算出される。図11に示すのは平均的なビジネス文書であるJEITA標準パターンJ6チャートの印刷モードとインク量の関係である。前述したように，カラー印刷の方がモノクロ印刷よりインク量が多い。また，レベルカラーはモノクロ印刷と同等インク量である。

　しかし，インク量を全体的に低減すると画像全体の品質が著しく劣化するため，レベルカラーでは比較的視認性を要求される文字画像の画像処理は行わず，インク量も変更せずに，グラフィックス画像，写真画像に使用するインク量について，画像階調に一律係数を乗算し，インクの消費を防ぐ濃度制御画像処理を実施している。

最新プリンター応用技術

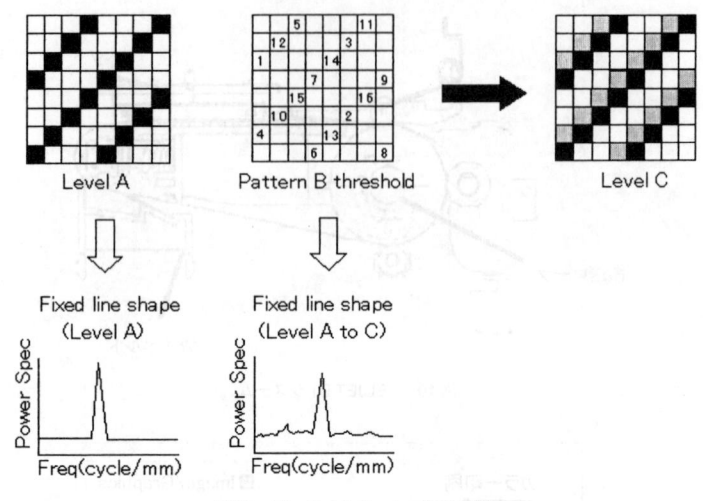

図12　ディザマトリックス設計手法

2.4.2　中間調ディザマトリックス

　GELJETプリンタはオフィスでの印刷を中心に考え，オフィスで要求される普通紙への高速高画質化の画像処理技術を搭載した。高速性に有利なディザ処理に着目し，その中でも万線ディザを採用することで階調の連続性を保持し，高画質化の実現を目指した。

　共に基準万線パターンである階調Aから階調Cへ成長させる各階調を設計する手法については，図12に示したように，まず，増加分の差分パターンに対して，ハイパスフィルター補正をかけて配置順を決定する。次にこの操作を繰り返し行い差分の各階調パターンを設計する。図12の下図に基準万線パターンである階調Aとその成長過程の万線パターンの周波数特性を示した。ハイパスフィルター補正による効果で低周波側のピークが抑えられ，且つ基調周波数は高いまま保持することができた。

　このように設計された斜め万線ディザマトリクスは，成長過程で別角度の基調は現れず，階調の連続性に優れていた。また，斜め万線にすることで，主副走査記録ムラに対しても改善効果があった。GELJETプリンタに今回開発したディザマトリクスを搭載することで，高速高画質を達成できた。

第5章　GELJETプリンタ

3 おわりに

GELJETプリンタは'04年2月に発売以来，普通紙高速高画質，低ランニングコストでビジネス用プリンタとして好評である。今後もこのテクノロジーを発展させ，GELJETプリンタを普及させたい。

尚,「　2　GELJETテクノロジー　」は，当社の太田善久，永井希世文，水木正孝の協力を得た。

文　　献

1) A.Gtoh, *et al.*, Japan Hardcopy, 論文集, p.101-104 (2004)
2) K.Noda, *et al.*, Japan Hardcopy, 論文集, p.85-88 (2004)
3) M.Hirano, *et al.*, Japan Hardcopy, 論文集, p.303-306 (2004)

【携帯・業務用プリンター編】

【 携帯・業務用プリンター編 】

第1章　カメラ付き携帯電話用プリンター NP-1

青崎　耕*

1　はじめに

　近年，カメラ付き携帯電話に搭載されている撮像素子が多画素化してきている。日本では100万画素～200万画素が急速に普及し，300万画素のモデルまで登場している。その高画質化に伴い，写真プリントが注目され始めている。これまでも携帯電話からのプリントサービスが提案されていたが，なかなか普及していないのが実情であった。2003年12月に富士写真フイルム㈱より発売されたカメラ付き携帯電話用携帯プリンターNP-1では，従来のプリントシステムでの不具合点を改善し，よりカメラ付き携帯電話の使用シーンに合わせた商品となっている。

　表1はW/Wの画素別カメラ付き携帯電話の需要予測で，メガピクセル以上の端末が普及すると予測されている。この傾向は日本が先行し，欧州・アジア，遅れて北米が追従すると考えられる。

2　基本コンセプト

　NP-1では従来のプリントシステムでの不満点「気軽にプリントしたい」「プリントしたい時にすぐプリントしたい」を改善する事を主眼とした。特に「コミュニケーションツール」として「その場で楽しんでプリントをあげる」用途に最適な「パーソナルプリンター」を目指した。

　「パーソナルプリンター」は，電話が「携帯化」してきた流れをプリンターにもイメージしたコンセプト名である。

3　特　長

① 「いつでも・どこでも」プリント：小型ボディー，小型1次電池駆動
② 「簡単」操作：携帯電話の赤外線通信で画像送信。プリンターは電源ONのみ
③ 「すぐ」プリント：15秒の高速画像書き込み

---

　　* Ko Aosaki　富士写真フイルム㈱　イメージング&インフォメーション事業本部
　　　　　　　プリンター商品開発部　主任技師

表1　W/W 画素別カメラ付き携帯電話の需要予測

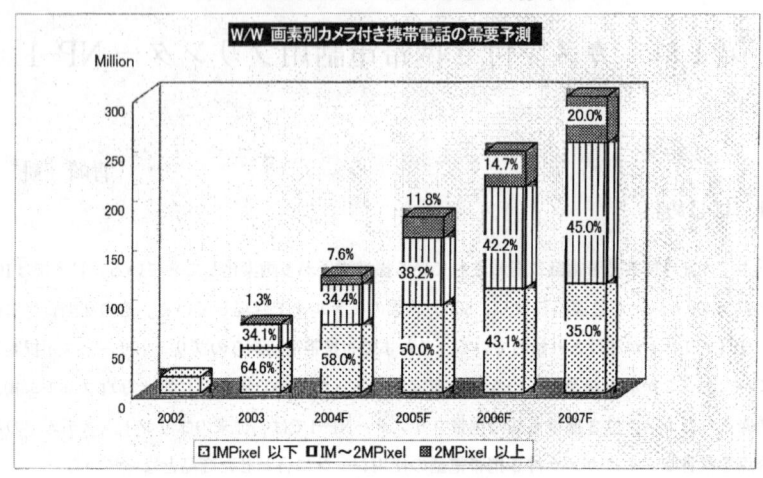

(EM データサービス㈱調査による)

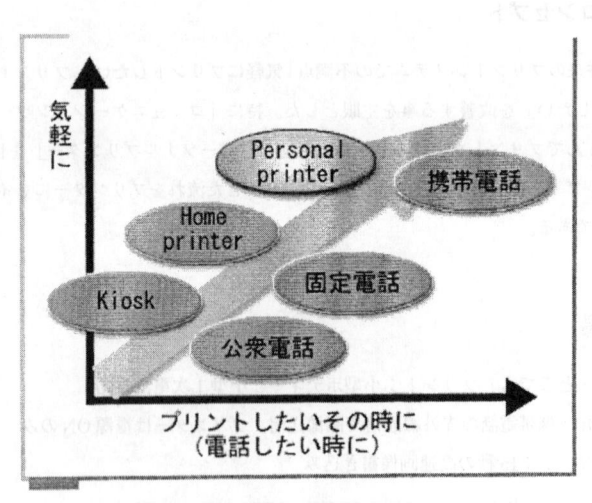

図1　「パーソナルプリンター」の位置付け

第1章　カメラ付き携帯電話用プリンターNP-1

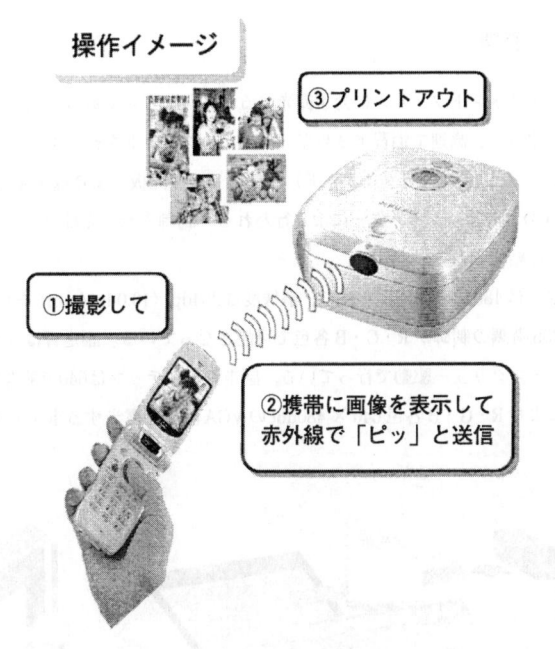

図2　「パーソナルプリンター」の操作イメージ

④プリント用紙の入手が容易：全国の多くの店舗で取り扱われているインスタントカメラ用フィルムを使用

4　操　作

図2に示す様に，
①カメラ付き携帯で撮影し，
②内部メモリーに記録された画像を携帯電話の液晶画面にて確認し，メニューの「赤外線送信」を選択して送信する。VGA（640×480dot）の標準画像で約15〜20秒で送信が完了する。
③送信完了後，約5秒で画像書き込みされフィルムが排出される。排出されたフィルムは約24秒で画像が出現し始める。
　また，焼き増しプリントが必要な場合は「REPEAT」ボタンを押す事により，同一プリント動作が行われる。（プリントされた画像は1フレーム分記録されており，画像送信する事なく焼き増しプリントをする事ができる。）

5 プリント原理

基本的にはインスタントフィルムに光学露光するプリント方式である。高感度（ISO800）のフィルムに露光する為，高速で消費エネルギーの少ないプリントを行う事ができる。

光源はR・G・BのLED（発光ダイオード）を使用し，導光板により線状光源が形成される。露光は高速のLCD（液晶）シャッターにより行われる。制御された光はロッドレンズアレイによりフィルム上に結像される。

LCDシャッターは480個の開口部を持ち，解像度は254dpi（10.0dot/mm）を可能としている。シャッターは256階調の制御がR・G・B各色で可能となっている。副走査はステッピングモーターによるリードスクリュー駆動で行っている。副走査のステップは640で解像度254dpiとなっている。これによりR・G・B各色640×480dotのVGA画像を露光する事ができる。

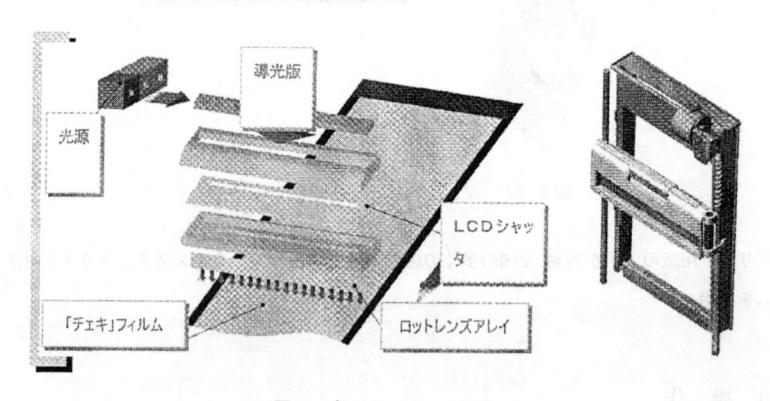

図3　プリントのイメージ図

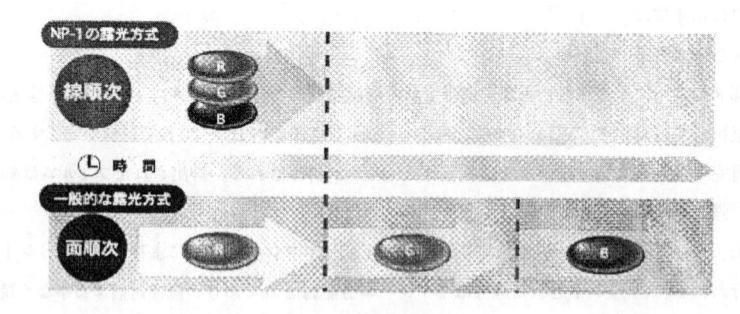

図4　NP-1の露光方式

第1章　カメラ付き携帯電話用プリンター NP-1

又，プリントの高速化の為に線順次露光を採用している。LED（発光ダイオード）と同期して液晶シャッターを制御することにより，一度の副走査（スキャン）にてR・G・B露光を完了する事ができる。

R・G・Bの線順次露光されたフィルムは展開ローラーに搬送され，展開ローラーにより現像・定着液がフィルム内に均一に伸ばされた後，フィルムは排出される。約24秒後にフィルムに画像が出現する（25℃にて）。

高感度フィルムを使用し，光源にLED，露光制御にLCDを使用している為，消費電力は2.5Wに押える事ができた。この為，1次電池（CR2×2本）にて約100枚のプリント可能となった（当社試験条件にて）。

6 インターフェース

携帯電話には種々の外部インターフェースが存在している（赤外線通信方式，メモリーカード方式，ケーブル接続方式，メール添付方式，Bluetooth通信方式等）。従来はメモリーカードの使用が主流であったが，即時性・簡単さの点で我々は赤外線通信を選択した。日本国内ではNTTドコモの多くの携帯電話に赤外線通信機能が搭載されており，他のキャリアでも採用の方向にある。我々の開発したプリンターの2004年7月末現在の対応機種数は，国内ではNTTドコモ 34機種，Vodafone 9機種，au 2機種となっている。約3千万台が対象端末と考えられる。

また，海外においても，Nokia，SonyEricsson，Siemens等，赤外線を搭載している携帯電話は多い。

多くの携帯電話の採用している赤外線通信はIrDA1.2でプロトコルはOBEXを搭載している。IrDA1.2はSIR（速度9.6〜115.2kbps）で近距離通信（20cm）の仕様となっている。NP-1では携帯電話からJPEG画像をOBEXを介して，バイナリーかBASE64（NTTドコモ）にエンコードして送られるデーターを受信し，デコードしてJPEG画像に復元している。

7 カメラ付き携帯の画像

カメラ付き携帯は，撮像素子が多画素化し，1〜2メガピクセルが普及し，3メガピクセルモデルまで登場している。また，オートフォーカス機能，光学ズームレンズを搭載したり，フラッシュを搭載したモデルも出てきており，まさに「携帯電話のデジカメ化」の様相を呈してきている。しかし，撮影した実際の画像は，まだデジタルカメラのレベルには達していないのが現状である。色々な光線下での色味を決める「オートホワイトバランス」や「暗所での手ブレ性能」等

ではかなり差が見られる。この点の一部を改善する為，NP-1ではプリント時に濃淡を選択できる補正機能を搭載している。しかし，この1～2年の携帯電話のカメラの進化は早く，早晩にかなり満足のできるレベルまで改善されると推測している。

　海外の携帯電話のカメラ性能は日本に比較して進歩が遅い。日本では撮像素子がCCDのメガピクセルのクラスが主流であるのに対し，欧州では撮像素子がCMOSのVGAクラスが主流である。しかし，カメラ性能が差別化ポイントとなって来ており，メガピクセル機が登場し始めている。欧州では日本に対し1～2年の遅れで進化すると考えられる。北米では欧州より更に遅くなると思われる。

8　アプリケーションソフト

　NP-1では携帯電話側の操作性向上およびフレーム合成で気軽にプリントを楽しんでもらう為，専用アプリケーションソフトを配信するサービスを実施した。具体的にはNTTドコモの携帯端末向けに開発された専用iアプリを http://cheki.jp （チェキプリンターケータイサイト）からダウンロードする事ができる。このiアプリを使用するとカメラ付き携帯で撮影した後すぐに赤外線送信する事ができ，簡単・スピーディーなプリント操作をサポートする。また，フレーム合成するモードも備えている。

9　おわりに

　カメラ付き携帯電話は日本を皮切りに非常な勢いで世界的に数量が増えている。また，カメラの高画質化もそれに伴い急速な進歩が予想される。今後，高感度インスタントシステムの特長（高速，省エネプリント）を生かしながらカメラ付き携帯電話の開発動向に対応すると共に，消費者の基本ニーズ(小型，軽量，安価)を満足させる商品としてブラッシュアップして行きたい。根付き始めた日本発の「カメラ付き携帯電話からのプリント文化」を世界的に広げたいと考えている。

第2章　大型インクジェットプリンター

沖　尚武[*]

1　はじめに

1991年世界で初めて米国西海岸サンジエゴに本社を置くENCAD, Inc.社が業務用大型インクジェットプリンターを発表した。以来この10数年の間にパソコンをはじめとして周辺電子技術の目覚しい進歩のおかげとデジタル印刷の普及が急速に進む中で大型インクジェットプリンターの市場も飛躍的に成長して，今日に至っている。

本稿においては，2004年初めに発表発売開始したENCAD社の最新型高速大型サーマルタイプ水性インクジェットプリンター"NovaJet1000i　プリンター"（以下NJ1000iプリンターと記す）の概略および関連情報を記して表題に代える。

2　水性インクジェットプリンターの出荷記録および予測

最初に近年の大型水性インクジェットプリンターの出荷状況および予測のデータを表示する。図1に示すように世界規模では24″以上のプリンターの総出荷台数は7万台であるが45″以上は1万4千台から1万1千台で推移している。

3　NJ1000iプリンターの概要

ENCAD社は1981年にDave Purcell氏によりペンプロッターメーカーとして創業される。その後大型インクジェットプリンターの開発に取り組み1991年世界で初めて4色の大型プリンターを発表し大きく成長し，2002年に米国Kodak社に買収された。現在商業印刷事業部門で5事業部門の中の一事業部門として大型インクジェットプリンターの開発製造販売サービスを世界中に提供している世界的大手インクジェットプリンターメーカーで水性プリンターの市場においては第2位の位置を占めている。正式名称は，ENCAD, Inc. –A Kodak Companyである。

ENCAD社は，プリンター，インク，メディアおよび製品品質保証を合わせてENCADトータ

---

[*] Naotake Oki　ENCAD, Inc.　日本支社　前支社長

最新プリンター応用技術

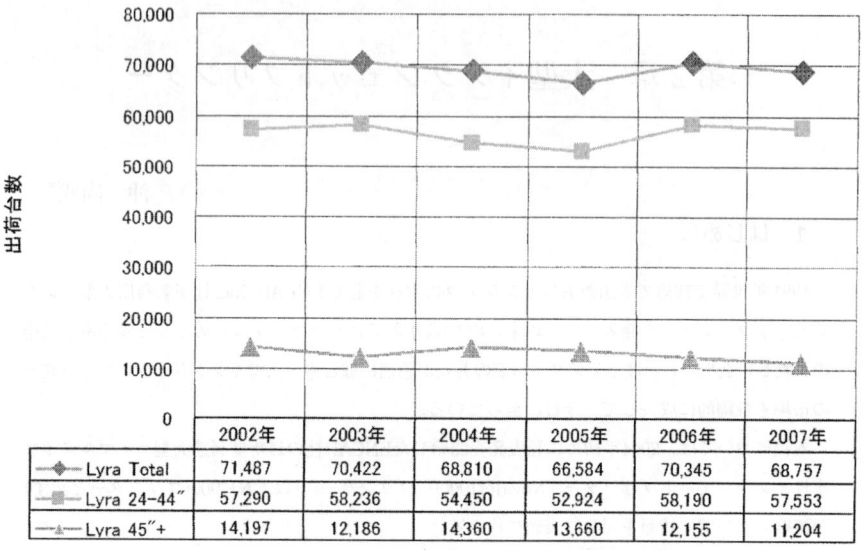

	2002年	2003年	2004年	2005年	2006年	2007年
Lyra Total	71,487	70,422	68,810	66,584	70,345	68,757
Lyra 24-44″	57,290	58,236	54,450	52,924	58,190	57,553
Lyra 45″+	14,197	12,186	14,360	13,660	12,155	11,204

2003年Lyra Researchの資料による

図1　水性IJプリンター出荷予測

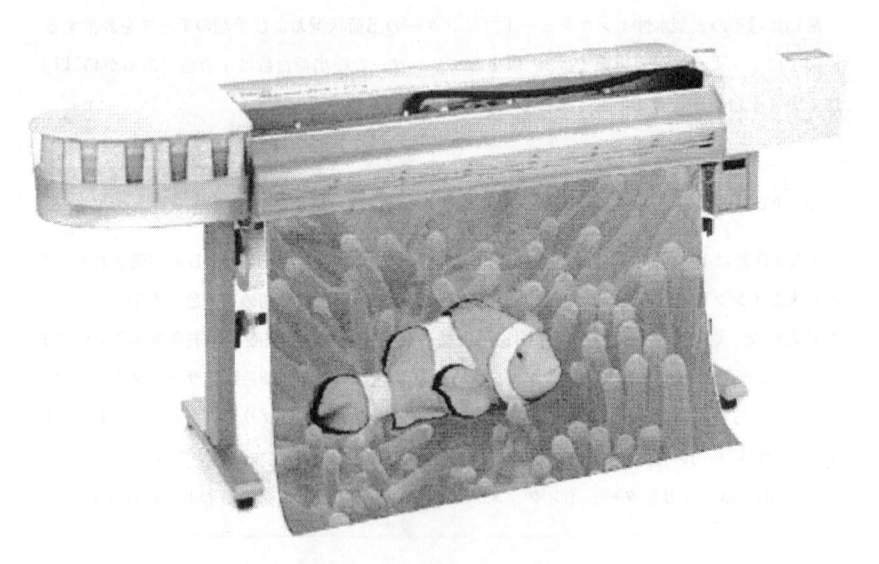

図2　NJ1000iプリンターの本体

第2章　大型インクジェットプリンター

表1　NJ1000iプリンターの主な仕様

1. サーマルタイププリントヘッド
2. Intelligent Mask Technology（IMT）を搭載
3. 印刷解像度：300×300dpi，600×600dpi，1200×600dpi
4. 最大印刷巾：60インチと42インチの2機種
5. 印刷速度：60インチの機種で毎時2.8m^2，7.0m^2，10.7m^2，14m^2，20.4m^{2}の5段階から選択でき，このクラスでは最高速のプリンターである。
6. インク：Encad Quantum Ink 水性染料インク（Qi Dye）および水性顔料インク（Qi Pigment）の2種類があり，ともにY，M，LM，C，LC，Kの6色で構成している。
7. メディア：コダック社製ワイドフォーマットインクジェットメディア
8. メディア取り扱い：自動給紙・巻取り装置・メディアカッター搭載
9. メディア乾燥：瞬間蒸発乾燥システム
10. インターフェース：100Base-T　イーサーネット（TCP/IP）
11. エミュレーション：EN-R TL
12. ドライバー：Windows 98/ME/2000/XP Pro
　　　　　　　Encad　ファイル印刷ユーティリティー　Windows 98/ME/2000 Pro/XP Pro
13. ソフトウエア：NJ1000iソフトウエアスイーツ（Windows 2000 Pro/XP Pro用）
14. 電源装置：90から132VACおよび180から264VAC．43から67Hz
15. 消費電力：20Wアイドル，1035W標準，1225W最大

ルソリューションとして市場に提案している。高速NJ1000iプリンターのハード面はENCAD社が，ソフトおよび技術面はKodak社が担当して共同開発したものである。

NJ1000iプリンターシステムは多くの革新的な機能を搭載しておりそれらの特徴を表1に記す。

4　Quantum Printhead（Cartridge）

・プリントヘッドは640のノズルを持ち，1ラスターラインに2ノズル割り当てている。
・信頼性と寿命：プリントヘッドの寿命を700ml印刷まで保証している。同一プリントヘッドで最大2.8リッターまで印刷可能。
・Improved Temperature Sense Register（TSR）monitoring プリントヘッドの温度を監視してエラーを防ぐ機能を内蔵。
・Increase in Closed Loop Thermal Control（CLTC）effectiveness プリントヘッドに内臓し最適条件設定，長寿命，信頼性，高画質を提供する。
・画質向上のためインクドロップサイズを30％小さくした。

図3　プリントヘッド本体

5 IMT：Intelligent Mask Technology：インテリジェントマスクテクノロジー

IMTは，自然なカラー再現をするために各色を印刷速度に合わせて，優れた画像品質のために異なるマスク或いはスクリーンで画像形成するドットパターンに適用させる技術で，バンディングと荒さを減らすためにカラーや濃度のムラを減らす作業を自動的に行う機能である。

6 Quantum Qi Dye & Qi Pigment Ink：クァンタムQi染料インクおよびクァンタム Qi 顔料インク

・Kodak社の画像技術およびカラーサイエンス技術をベースに開発製造したインク。
・赤系，黄色系の発色が競合他社のインクより優れている。
・幅広く各種メディアに対して互換性を持っている。
・Kodak 社の製品品質保証を背景にしている。

Qi Dye ink：

・色再現と耐候性を両立させている。
・乾燥性が良く速い巻き取りを可能にしている。
・素晴らしい画像品質を提供している。

Qi：Pigment Ink：

・屋内・屋外両用で屋外用メディアおよび屋内用光沢紙にも対応。
・対紫外光に優れている。
・色再現性が大きく改善されかなり染料の色再現範囲に近づいている。図5参照。

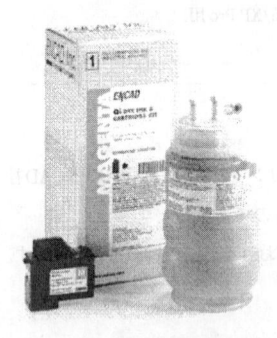

図4　クァンタム Qi 染料およびクァンタム Qi 顔料インク

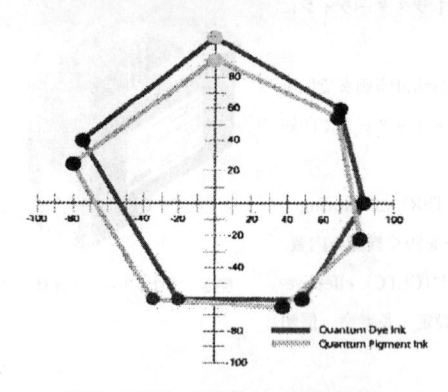

図5　Qi 染料，Qi 顔料インクの色再現図

第 2 章　大型インクジェットプリンター

7　インク供給システム

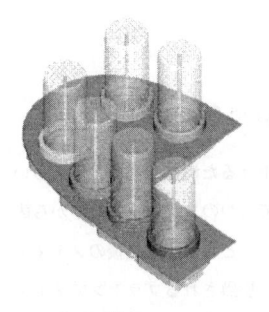

インクボトル　　　　レゼボア　　　　　アクティブサービスステーション

図 6　インク供給システム

NJ1000i プリンターのインク供給システムには各種の機能が搭載されている。
- インクボトルは容量 700ml，半透明容器でインク残量が目視でも確認可能。
- インクボトルには色別に識別 IC チップを搭載，誤設置の防止，インク使用量のチェック機能。
- インクボトル設置部（レゼボア）の底部に 30ml 程度の容器を搭載，印刷作業中にプリンターを止めることなくインクボトルの交換が可能。ボトル交換時にはこの容器にあるインクがプリントヘッドに供給される。
- 又，レゼボアのインクが一定のレベルに下がるとインク供給が止まる。その時プリントヘッドを保護するため自動的に印刷が停止する。

- 6 個のプリントヘッドを取り付ける一体型キャリアは，気密性に優れワンタッチ操作によるヘッド交換が可能。
- インクボトル，プリントヘッドおよびインク供給チューブ等は気密性が保たれ手を汚すことなく作業が可能。
- Active Service Station（アクティブ　サービス　ステーション）は自動的にプリントヘッドを初期化したり清浄する機能を持つ。

図 7　一体型キャリッジ

・一体成型のキャリッジに6個のプリントヘッドが千鳥状に配列セットされ，カラーの組み合わせが画質向上に寄与している。その配列は，向かって左からLM, LC, Y, K, M, Cの順である。

8 瞬間蒸発乾燥システム：Rapid Evaporation Drying System

乾燥効率を上げるために開発された新しい乾燥システムで二つのコンポーネントから成り立っている。ひとつは印刷直後のメディアを最高55℃まで加熱されるプラテンでメディアの裏から過熱し，それによりメディアの表面から発する蒸気を上からファンで高速空気を吹きかけ蒸気を取り除き乾燥速度を上げる。同時にこのファンはプリントヘッド付近の空気を強制的に移動させるのでヘッドの温度上昇を防ぎ，安定した長時間高速印刷を可能にする。図8はその断面図で下の部分は加熱部を，上の部分はファンで下方に風を送る機能を示している。

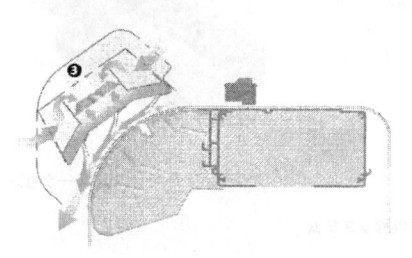

図8 瞬間蒸発乾燥機の断面図

9 RIP　ソフトウエア

ENCAD社では，Onyx, ColorGate, Scanvec Amiable, AIT　Int'lなどのRIPソフトとフルラインのプロファイルを用意して顧客の要望に応えている。

10 支援ソフト：Software Suites

支援ソフトは信頼性と使い勝手の良さを実現するために以下のような機能を持っている：
・ソフトウエアの簡単なインストール
　・手順を簡略化して作業時間を短縮する。
・正確なキャリブレーション
・遠隔プリンターモニター
　・オペレーターは複数のプリンターを遠隔操作で簡単にチェックできる。
　・プリンターの停止時間を最小にするためメール或いはポップアップ警報で自動的にプリン

第 2 章　大型インクジェットプリンター

ターの問題を知らせる。
　・RIP ソフトとは別に単独で機能する。
・生産会計支援
　・オペレーター別生産状況の表示
　・実際の材料，作業量および原価を表示
　・全ての作業と使用材料のデータベース，履歴の表示
　・収益性を向上させるデータの提供

11　Kodak ワイドフォーマットインクジェットメディア

　ENCAD 社ではトータルソリューションとして，プリンター，RIP ソフト，Qi 顔料・染料インク・支援ソフトと共に Kodak 社のメディアをあわせて顧客に提供している。全ての大型プリンターのアプリケーションに合わせるべく 30 数種類のメディアを ENCAD インクジェットシステムの一部として世界中に提供販売している。
　Kodak メディア製品は以下のように分類される
　・フォトペーパー：マット，半光沢，光沢
　・フィルム：バックリット（透明，半透明），PP メディア
　・コート紙：糊つきおよび糊無し
　・垂れ幕用メディア：布地および合成素材
　・布地：キャンバス，木綿，合成素材
　・特殊メディア：ビニール

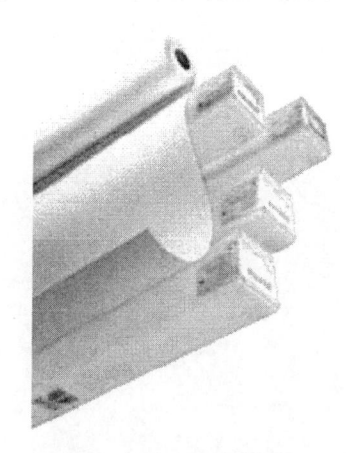

図 9　メディアの梱包外観 1　　　　　図 10　メディアの梱包外観 2

12 コダックメディア製品品質保証システム

Kodak社では，販売している殆どのメディアに対してENCADインクジェットプリンターシステムで印刷した場合一定の条件下でその品質を保証するというものである。これはKodak社とENCAD社が行っている独自の製品保証システムで，同業他社にはない強みで，顧客に対して大きな安心感を提供している。

また，Kodak社では，一部他社メーカーのプリンターにおいても，一定の条件下でメディアの品質に対して製品保証をしている。

図11　品質保証システムのロゴ

以上大型インクジェットプリンターと題して，NJ1000iプリンターを例に取り概略を説明した。読者にとり少しでも参考になれば幸いである。

ENCAD NJ 1000iプリンターに関しては http://www.encad.com

Kodak　メディアに関しては http://kodakmedia.com

を参照願いたい。

また，国内での問い合わせは，当社正規代理店，㈱きもとおよび㈱Eyes Japanまで。

㈱きもと　グラフィックス営業部　　電話：03-3350-0304

㈱Eyes Japan　営業部　　　　　　電話：03-5825-1595

第3章　ソルベントインクジェットプリンタ

大西　勝[*]

1　はじめに

　インクジェット方式の歴史は古く，実用化という点では1955年のPaillard社のコンティニアスタイプの電界制御方式に始まる。オンデマンドタイプのヘッドは1970年のKyser方式に始まったといわれている。オンデマンドプリンタの普及への発端を開いたのは，インクジェットプリンタのオフィスでの使用を可能にした1977年のキヤノンとHPによるサーマル方式のオンデマンドプリンタの発明とそれに続く製品化であり，これが普及への第一段階であった。

　しかし，オンデマンドインクジェットプリンタの本格的な普及が始まったのは1990年代になってからであり，第2段階の普及の契機となったのは，フォトグレードプリントを実現したエプソンのMachシリーズの誕生であった。文書と写真を一台のプリンタでこなせる事から，パーソナルプリンタとしてオフィスから家庭まで広くインクジェットプリンタが浸透している。

　紙にプリントすることを目的とし，インクにはインクジェットヘッドの吐出性を確保するために低粘度の水を溶媒とした水性インクがもっぱら使われてきた。水性インクを使用するインクジェット方式では，インクの設計はヘッドの吐出に関する性能と安定性の確保を優先しており，メディアへのプリント特性を保持するには受像層の形成が必須であった。

　500年余歴史を有する印刷技術に比べると，インクジェット方式はまだ誕生したばかりともいえる。インクジェットプリンタは紙にプリントする目的で開発され発達してきたが，近年では印刷と同様に多種多様のメディアへのプリントの要望が急速に広がりつつある。インクジェットプリンタが印刷程の自由度を持つためには残された課題は多い。しかし，産業用分野を中心に，インクジェット方式は様々な工夫によりその適用分野を拡大しつつある。

　サイングラフィックスの分野では，2002年，ミマキエンジニアリングにより高精細画像をプリントできる低価格ソルベントインクプリンタが上市され，現在では水性インクジェットプリンタに代わり屋外用プリンタの主流となった。

　それまでのワイドフォーマットプリンタの主流が基本的にはパーソナルプリンタのヘッドと水性インクをベースにしていたものに対し，ソルベントインクにより新しい屋外プリンタのニーズ

　＊　Masaru Ohnishi　㈱ミマキエンジニアリング　IM開発部　取締役IM開発部長

に合うプリンタ市場を開拓したものである。

　ソルベントインクは塩ビなどの屋外メディアに対しては極めて高いプリント性能を実現したが，産業用に多く使われているPETやポリプロピレン，ポリカーボネイトなどの樹脂に対しては充分な接着性や画質を実現できない。産業や印刷用に多く使われている更に多くのプラスチック素材にプリントするには，更なるインクの改良が必要である。

　しかし，それでもインクジェットのインクの自由度は印刷インクに比べて極めて小さく，使用できるインクの特性上の制約が多い。印刷では用途や印刷方式に応じて数多くの種類のインクが用意されており，これらの工夫により印刷が広く普及した要因である。インクジェットにとっても今後は用途に合わせて，様々な特長を持つインクに加えて幅広いインクに対応できるヘッドやプリント方式を開発し，実用化してゆくことが重要である。

2　印刷インクとインクジェットインクの比較

2.1　構成成分と物性値の比較

　印刷と同様にインクジェット方式が今後広い分野に利用される技術となる上での課題を明らかにするために，両インクの代表的な性質を比較して表1に示した。表1から分かるように，インクジェットインクの80％以上が，水，アルコール等の低粘度質の揮発性の溶剤（溶媒）あるいは難揮発で可溶性の保湿剤等の液体からなっている。この，大多数を占める低粘度液体成分の存在が印刷インクとの大きな違いであり，次に示すインクジェットの印画特性を決定づけている。

2.2　インクジェットインクの性質とプリント特性

　インクジェットインクにおいて普通紙印画などで問題となる，以下の現象は多量の低粘度液体

表1　印刷インクとインクジェットの違い

	分　類	水性，ソルベントインクジェット	印刷インク
インク組成	着色剤比率	数wt%程度	有機顔料10～20% 無機顔料40～60%
	樹脂比率	数wt%以下	残りがビヒクル（ペースト状凝集分散系粘弾性体）。低粘度溶剤成分は40wt%程度以下
	水・アルコール・有機溶剤等	低粘度溶剤成分80wt%程度以上	
	その他	保湿剤，界面活性剤	界面活性剤など
物性値	粘度	15cP程度以下。 パーソナルインクジェットプリンタの多くは数cP程度	100～60000cP グラビア，新聞～ スクリーン，オフセットインク
	表面張力	30～40dyne	

第3章 ソルベントインクジェットプリンタ

の存在に起因している。
(1) フェザーリング
　　紙の繊維に沿っての毛細管現象により生じる，羽毛の先のような形状のインクのにじみ
(2) Bleeding
　　隣接色境界でのインクの不均一な混ざり合い。
(3) Beading
　　紙の吸収力不足で，乾燥せずに表面に溜まると，インクが凝集し点在するインク溜りが発生する。その後乾燥するとムラになる。
(4) 裏抜け
　　紙の厚み方向への浸透により紙の裏から印画画像が透けてみえること。
(5) にじみ
　　メディアの繊維や表面に沿って，単色やインク間で生じる広がり。上記 (1) 〜 (3) の要因もが複合して出現する。

　インクジェットインク中の溶剤は，インク滴がメディアに到着するとできるだけ速く乾燥し，定着するのが良い。水性インクジェットインクではインクを素早く乾かすために水を吸収したり浸透したりできる専用の受像層を形成している。

　これらの問題はインクが低粘度の状態で発生するものである，インク粘度が高いと解決される。にじみ，裏抜けやフェザーリング等の毛細管現象によるものはLucas–Washburnの式より，紙への浸透距離Lと粘度δとの間には

$$L \propto \delta^{-1/2} \tag{1}$$

の関係がある。すなわち，粘度が小さいほど，浸透距離が大きくなり，にじみやすくなる。

　インクジェットインクに比べ，100から10000倍程度高粘度な印刷インクでは，(1) 式より，にじみは1/10〜1/100に軽減される。印刷インクは印刷用紙の性質に合わせ粘度を広く調整できるので，幅広い紙への対応が容易となる。

(6) バンディング
　　バンディングはヘッドによる走査跡であり，ヘッドのヘッド幅WをN回に分けて繰り返しメディアを送って操作するNパスモードでプリントする方法ではW/N相当幅のところにバンド状の筋ムラが発生する。この現象は次のような原因で発生する。
① 同時プリントするインクの端で既に近接の位置にインクがプリントされている部位と，プリントされていない部位あるいは濃度の違う部位とでインクの広がりやにじみが他の部位と異なるために，境界でバンド縞が発生する場合。
② メカのメディア搬送ピッチが不正確なために，緒メディアの送りピッチで隙間やインクの重な

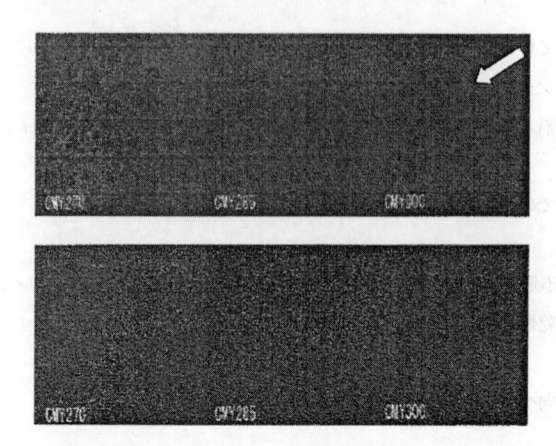

図1 ソルベントインクプリントにおけるバンディングの例

りが生じてバンド縞が発生する場合。

図1にソルベントインクで発生したバンディングの例を示す。

印刷では印刷メディアあわせて、水性だけでなく、油性や溶剤、UVインク等が広範に選択可能である。このため、印刷では紙から金属、プラスチック、セラミック、布など多種多様なメディアに対応可能となっている。

さらに、印刷インクでは顔料(染料)や樹脂の含有率を高くとれるので、乾燥後には高濃度で堅牢度の優れた画像を形成できる。

一方、インクジェットではヘッドでの小液滴インクを安定に吐出する必要があるために、高粘度化や高顔料比率化はあまりできない。オンデマンドヘッドでは通常20cP～数cP程度の低粘度インクを使用する必要があり、印刷のように自由に粘度を調整してにじみ等の問題を解決することはできない。

また、従来のインクジェットヘッドでは一部のヘッドを除き、一般的には水性専用や溶剤インク専用のヘッドとしてのみ使用可能であった。このような制約条件の中で、より多くのメディアにプリントできるインクやシステムの開発が必要となる。その有力候補の一つがUVインクジェットインクである。

表2はUVインクジェットインクの特長を示す。溶剤は含まれていないが、低粘度モノマーが溶剤の役割を果し、低粘度化されている。一

表2 UV硬化インクジェットインクの特徴

分類		UV硬化インク
インク組成	着色剤比率	数wt%～10%程度
	樹脂比率	80%以上
	水・アルコール・有機溶剤	含まず
	光硬化開始剤	数%
	その他	微量の界面活性剤
物性値	室温粘度	20cP程度以下
	表面張力	25～40dyne

般には通常の有機溶剤は含まれていないが，粘度調整の目的で少量の有機溶剤を添加することがある。

3 インクジェットインクと特長

3.1 定着プロセスの違い

オンデマンド型ヘッドは現在のインクジェット技術興隆の主役である。インクジェットインクは印刷インクに比べると，メディアフリーに印画するという点では，大きな課題が残っている。現在，ワイドフォーマットインクジェットに使用されているプリント方式は希釈する溶剤により，水性インク，油性インク，ソルベントインク，UVインク，ワックスに分類される。

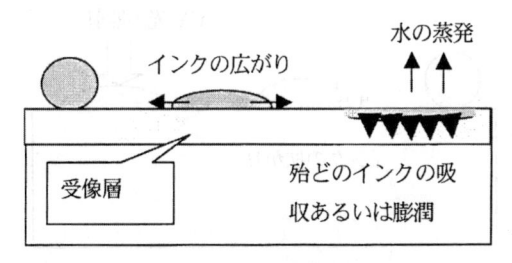

図2　水性インクの乾燥定着モデル

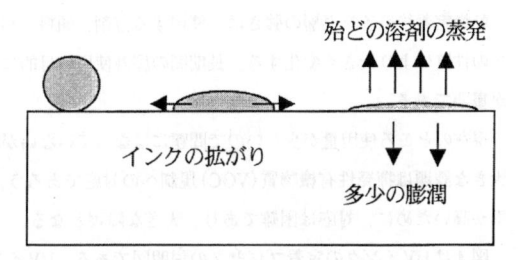

図3　ソルベントインクの乾燥定着モデル

各々のインクの乾燥・定着の仕組みにつき概説する。

図2は水性インクの場合を示す。水性顔料インクではメディア上に着弾したインク滴はメディア表面に広がると同時にメディア表面に形成された受像層のインクの水分は吸収あるいは浸透により乾燥する。

受像層の性質によるが顔料インクではメディア表面あるいは表面近くに顔料が残り，染料インクでは受像層中に殆どが入り込み定着される。このために，染料インクでプリントした方が顔料インクでプリントした場合よりドットサイズが一般に大きくなる。

時間と共にメディア上面から水分が蒸発し，完全に乾燥し定着性は更に改善される。水性インクではインクの設計も重要であるが，受像層がより大きな働きをしている。

溶媒が不揮発性のオイルである油性インクでも，水性インクと同様に受像層が必要であり，オイル成分を受像層に吸収させることにより定着する。

図3はソルベントインク定着プロセスをモデル化して示す。このインクの定着プロセスの大きな特徴はインク中の溶剤のほとんどが空中に蒸発して乾燥定着することにある。このために，インクの体積（主は厚み）が定着後には1/5～1/10程度に減少する。定着後のインクの厚みは一色100％印字部で0.8～1.5μm程度になる。

UV光の照射

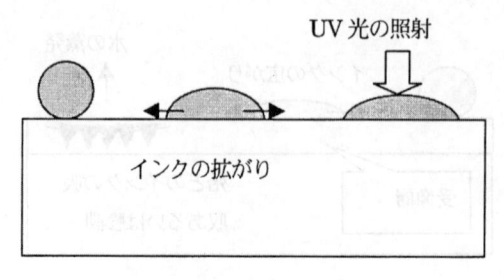

図4 UVインクの乾燥定着モデル

溶剤用の膨潤性の受像層を設けたメディアにより乾燥性とメディアへの接着性を改良できる。インクの接着力が不足するメディアに対する溶解性や膨潤性の弱い溶剤を使用する場合には有効である。しかし、コートするために、コストアップとなるので一般には好まれない。

乾燥定着後のインク層の強さは、使用する溶剤、顔料、バインダー樹脂およびプリントメディアの性質により大きく変化する。長期間の屋外使用の目的にはインクだけでなくメディアの選択が重要である。

現在のところ使用量が少ないので問題にはなっていないが、将来はソルベントインクの今後の大きな課題は揮発性有機物質（VOC）規制への対応であろう。インクジェットインクは溶剤の比率が高いために、対応は困難であり、大きな障害となる。

図4はUVインクの定着プロセスの説明図である。UVインクには室温付近での揮発分は殆ど含まれていないために、VOC規制に適合しており、この意味でもUVインクは将来の本命の可能性のあるインクである。しかし、UV硬化後にも体積の減少は殆ど見られないことが後述するようにUVインクの欠点の一つでもあるが、反面、この性質を利用し新たな応用も考えられている。

4 ワイドフォーマットソルベントインクジェットプリンタの開発

4.1 屋外ワイドフォーマットインクジェットプリンタにおける要求

屋外展示されるサインディスプレイの特徴とそれに要求される特性は以下の通りである。
(1) プリントサイズが大きい
(2) 直射日光や雨水に耐えられる高耐光性が必要
(3) 反射および透過（電飾看板）用途の双方で使えること
(4) 機械的強度が必要で引き裂きに強くするために布を織り込んだものが多い
(5) 壁面の凹凸や曲面に対応できるために、柔らかい素材であること

このような要求仕様に応えることのできるメディアフィルム材料には次のようなものがある。
(1) ターポリン（バナー）；一般に反射用に使用される塩ビを材料とするポリエステル布糸網込の厚手の安価なフィルム。柔らかくある程度の曲面にも貼れる。
(2) 光沢塩ビ糊付き；高画質の反射用フィルム。バスのラッピングや屋外看板に広く使用。

第3章　ソルベントインクジェットプリンタ

(3) F/F（Flexible Face）；透過用に使用される透光性のメディア．電飾用フィルムとして使用される．
(4) ビルボード紙；屋内や短期のイベントや屋外広告用に使用．環境負荷が少なく，廃棄が容易．

現在，屋外用ワイドフォーマットプリンタにおいて従来の水性インクからソルベントインク化が進んできた技術的な背景は，以上に挙げた屋外展示されるプリントメディアの特徴に主要因がある．

屋外用途のプリンタがソルベント化しつつある要因を列記すると以下のように要約できる．
(1) プリントサイズが大きくインクジェットメディアの受像層のコーティングやラミネートの設備がないため，素材自体にプリントしたい．
(2) また，水性顔料インク用のメディアはラミネートしないと汚れ易くインクの滲みや流れも発生するので，屋外で長期には使えない．
(3) 水性顔料インク＋専用メディア＋ラミネートのコストよりソルベントインク＋一般メディア（ラミネート無し）の方が大幅に安く施工ができる．
(4) 透過用途では，水性顔料インクでのプリントより，ソルベントインクのプリントの方が高透明度で，発色も良い．
(5) 屋外用途には塩ビ系のメディアが多く使われており，ソルベントインクでのプリントができるメディアが圧倒的に多い．

以上のような要因により，屋外用途のプリンタにおいて，水性インクに比べてサインメディアの素材にプリント可能なソルベントインク化が急激に進んできた．

5　屋外用ソルベントインクプリンタの開発課題と開発した技術

5.1　ワイドフォーマットインクジェットプリンタ JV3

図5はワイドフォーマットインクジェットプリンタ JV3 の概観図を示す．

5.2　インクの開発

5.2.1　インクの定着までの問題

ノンコートメディア対応のソルベントインクの開発にとっての主要な開発課題には，以下のような項目と内容がある．

① 滲み

ノンコートのサインメディアの代表的なメディアに光沢塩ビフィルムがある．塩ビのようなプラスチックフィルムメディア上にインクジェットプリンタでプリントされたソルベントインクの

最新プリンター応用技術

ソルベントインクジェットシステム *Mimaki*®

-新開発ソルベントインク
-インクを生かすプリントシステム

図5　ワイドフォーマットソルベントプリンタJV3の概観図

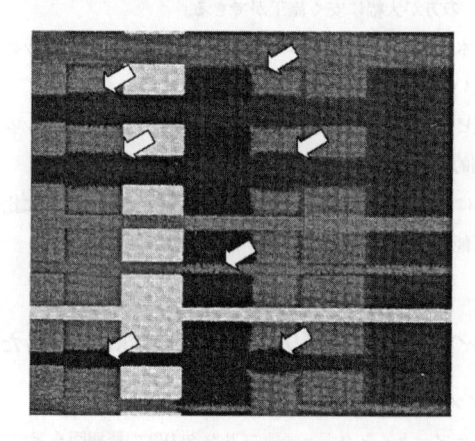

図6　異なる色間で発生するにじみ

　乾燥定着までのメカニズムをモデル化して示すと図3のようになる。
　インク滴がメディアの表面に到達すると，インク滴はメディアの表面方向に沿って拡がる。この広がりの大きさは，インクとメディアとの接触角，インクの粘度や表面張力，乾燥速度および放置時間等で決まる。
　又，近くに同一や他の色のインクがあるとインク同士が引き合い，相互拡散する。特に他の色のインクと接する部分では，図6の拡大写真に，白矢印で示したように，大きなにじみを発生する場合がある。

第3章　ソルベントインクジェットプリンタ

(a) ビーディングの発生するインク　　(b) ビーディングが改善されたインク

図7　インクによりビーディングを改善したプリントサンプル

　図3のモデルで示したように，インクの溶剤成分の殆どは蒸発し時間と共に乾燥する。軟質塩ビフィルムなどでは溶剤の一部はメディアを膨潤させ内部に浸透する。
　乾燥が進むと最終的に顔料と樹脂成分だけがメディアの表面に残り，樹脂成分により強固にメディア表面に定着される。樹脂成分が完全に溶解するために，インク層の透明度が水性顔料インクに比べて高くなる。
② ビーディングの発生
　ノンコートメディアにソルベントインクでプリントすると，溶剤が蒸発し乾燥するまではインクは液体状態にあり，にじみやインク溜りによるビーディングの発生の原因となる。インクの乾燥と共にインクの粘度が上昇し，滲みが止まる。図7 (a) は従来のビーディングを発生しやすいインクでプリントしたものである。全面にインク溜りの発生によるビーディング現象が見られることが分かる。
　図7 (b) はJV3で使用している改良したソルベントインクでプリントしたものであり，ビーディングが抑止されていることが分かる。
③ 乾燥性の向上
　サイン向けプリンタでは，プリントサイズが大きいために，プリント後にメディアを巻き取らないと無人運転ができない。蒸発速度の速い溶剤を使用すると，乾燥性はよくなるが，プリント休止時に溶剤が蒸発しインク粘度が高くなり，ノズル詰まりの原因となる。
④ 吐出安定性
　乾燥性や滲みを改良することと吐出安定性を向上させることとはトレードオフの関係にある。すなわち乾燥性や滲みの対策にはインクにはできるだけ速く乾く溶剤を使用する方が良いが，

107

ヘッドで乾燥し易くなり，吐出不良を発生する可能性が高くなる。このために，次項で述べるように，プリンタ本体での対策が重要となる。

その他，ソルベントインクの開発で重要となる課題には次のようなものがあった。
①擦過性向上
②接着性向上
③高濃度化
④耐光性向上
⑤保存安定性
⑥安全性

一般に普及させるためには，環境負荷が低く，有機溶剤取り扱い規則(有規則)や消防法上の取り扱いの規制がより緩やかで，できるだけ低臭気の溶剤の選定が必要となる。JV3用インクは有機則に非該当で，消防法上は危険物第4類第2石油類（非水溶性）の有機溶剤に該当している。

5.3 プリンタシステムの開発

トレードオフの関係にあるインク特性をインクの開発だけで解決することは困難である。JV3では新たにプリントヒーターシステム[1]を開発した。

5.3.1 プリントヒーターの設置と役割

図8にJV3のヒーターの配置図を示す。JV3ではプリヒーターとプリントヒーターの2つのヒーターを備えている。プリント直後素早く，インク中の溶剤を蒸発させるために，インクジェットヘッドでプリントする位置のプラテンにプリントヒーターを設置している。プリヒーターは厚手のメディアを効率的に予熱するために設けた。

図9にプリントヒーターを50℃に加熱した場合（a）と加熱なしの時（b）のプリント画質を比較して示した。プリントヒーターの設置により，にじみがなくなり画質が大幅に改善できたことが分かる。

5.3.2 ヒーター制御

プリントヒーターは乾燥性やにじみの軽減ができ，ソルベントインクのプリント画質向上に効果がある。一方，プリント位置で多量の溶剤が蒸発するために，相対的に温度の低いヘッド面に結露を生じる問題があった。

プリントヒーターシステムはヒーターを設置し，かつ結露を回避するために採用したものである。結露は次の条件を満たす時に発生する。
(1) ヘッド温度がヘッド周辺のソルベントインクの露点以下になる。

第3章　ソルベントインクジェットプリンタ

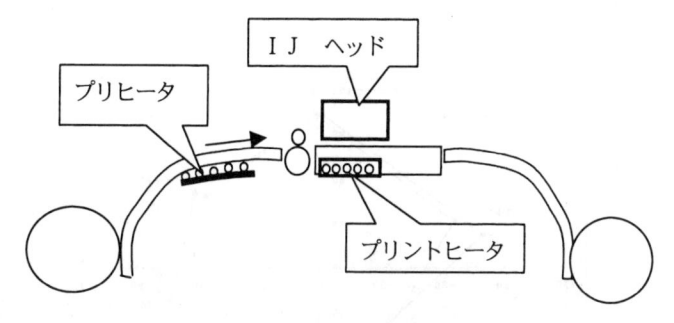

図8　ソルベントプリンタの断面構造図

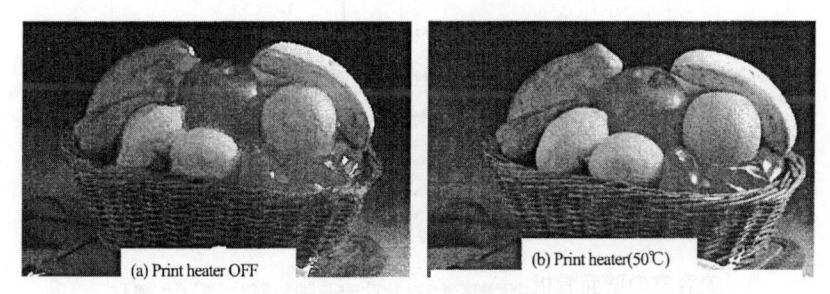

図9　プリントヒーターの効果
(a) 室温，(b) 50℃ヒーター ON

(2) ソルベントインクの蒸気圧が，(1) の結露条件を満たす以上に高くなる。

プリントヒーターシステムでは換気とプリントヒーター制御を複合し，結露条件を回避することに成功している[2]。

5.4　ソルベントインクプリントの色再現特性

図10はソルベントインクと水性顔料インクの Color Gamut を比較して示したものである。ソルベントインクは先に述べたように，水性顔料インクに比べ，樹脂成分が完全溶解しているので透明度が高いインク層を形成でき，色再現領域は水性顔料インクのそれより広くなっている。

5.5　ソルベントインクワイドフォーマットプリンタの使用例

図11～13にワイドフォーマットソルベントプリンタによる施工例を示す。現在屋外看板の多くはソルベントインクでプリントされている。

最新プリンター応用技術

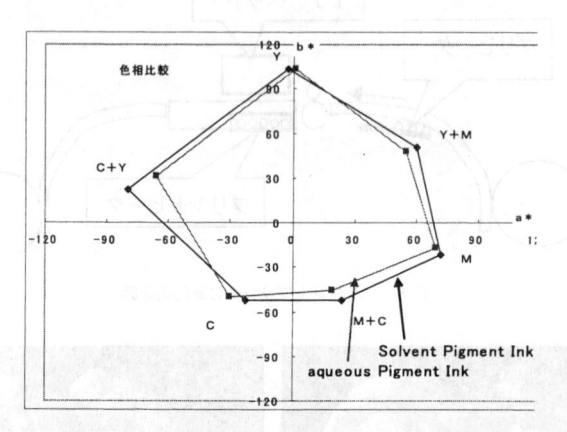

図10 ソルベントインクと水性顔料インクの色再現領域の比較

美容室の壁面看板：JV3-130S(ソルベントインク)・塩ビにて出力、ラミネート加工済みで施工。
サイズはW1500×H2300(女性の写真のみ)。

図11 ワイドフォーマットソルベントプリンタJV3による施工例1

第3章　ソルベントインクジェットプリンタ

クリニックの看板：JV3-250SP(ソルベントインク)・FF
シートに出力して施工。サイズはW8000×H1800、写真
左が昼間、右が夜間

図12　施工例2；クリニックの電飾看板

バスラッピング：JV3-130S(ソルベント)で塩ビにプリントし、ラ
ミネート加工後、カッティングプロッタにて絵柄の輪郭をカット。
サイズはW10000×H1200

図13　ワイドフォーマットソルベントプリンタによる施工例3

6　一層のメディアフリーを目指して

　屋外用ではソルベントインクで主要な殆どの用途に対応できるが、今後のワイドフォーマットプリンタの産業用への展開を考える上で、さらに多くの素材にプリンタできるプリンタシステムの開発が重要である。
　現在，フラットベットプリンタ中心にUV硬化インクを使うプリンタの製品化や展示会への出

111

品が活発化している。

　UVインクは，ヘッドとメディアにおいて相反する特性の要求されるインクジェットプリンタシステムにとって理想のインクである。すなわち，
(1) ヘッドでは固まらない。
(2) メディア上ではUV光照射により素早く硬化する。
(3) 硬化により，強い皮膜が得られる。

　一方UVインクでのプリントでは，図4で先に示した硬化時に体積が減らないことに起因して別の問題を生じる。

6.1 UVインクの問題点

(1) 表面の平滑化

　図14はUV硬化インクによるプリントの表面状態を示したものであり，この写真のようにUVインクでは硬化定着時の体積減少が少ないためにドットの凹凸が残る。

　このため，表面がマット状になり易く，図15にモデル化して示したように表面で光散乱を生じ，光沢表面を得難いとの問題がある。より平滑度の高いプリント面が得られる，インクやプリント方式の開発が今後の課題である。

(2) 高感度化

　UVインクジェットプリンタでは，画像の滲みを抑制するためにプリント直後やできるだけ速い時間にUV光照射が必要である。このために，図16のように，UVランプはヘッドユニットの

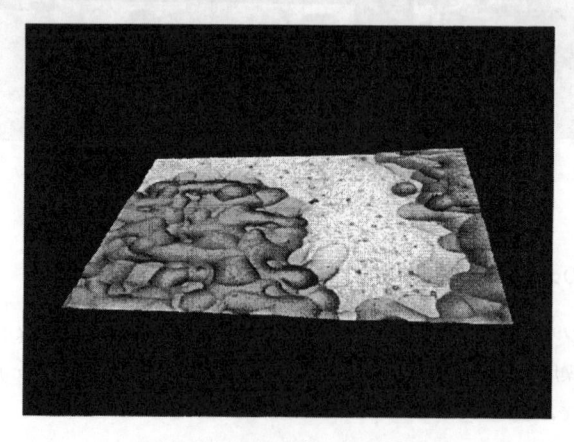

図14　UVインクプリントの問題

第3章　ソルベントインクジェットプリンタ

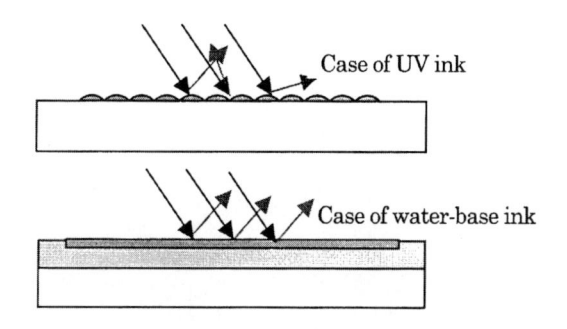

図15　UVインクでの光散乱

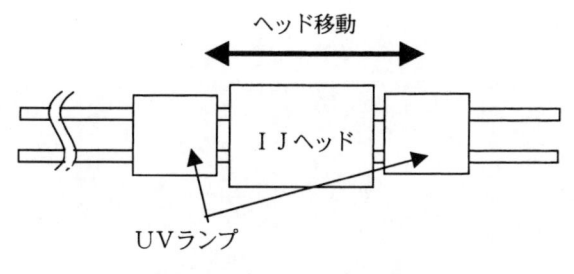

図16　UVプリンタの代表的構成例

前後に配置され，ヘッドと共に移動する構造を有するものが多い．

　UVランプの高効率化による，小型化が，今後小型のUVインクジェットプリンタを実現する上での大きな課題である．

　現在，一般のインクジェット用UVインクを硬化するには，積算光量で1000～2000mJ/cm^{2}程度のUV光量を必要としている．UVインクの高感度化ができれば，より小さなUVランプを使え，小型化の点で大きなメリットがある．

文　　献

1)　国際特許出願中, PCT/JP03/05026
2)　国際特許出願中, PCT/JP2003/016911

【オンデマンド印刷機編】

【オンラインド日即物語】

第1章 Kodak NexPress デジタルプロダクション印刷テクノロジー

Yee S. Ng [*1], Muhammed Aslam [*1], Thomas Tombs [*1],
Karlheinz Peter [*2], 訳：鈴木浩二 [*3]

1 はじめに

品質の高い生産型デジタル印刷を実現するために，NexPress 2100デジタルプロダクションカラープレスには最先端のカラー電子写真技術を惜しみなく注ぎ込まれている。図1は第5イメージングユニットを追加し合計5胴のイメージングユニット（K，C，M，Y，そして5色目）を装着したNexPress 2100プレスの断面図である。環境管理システム（ECS）がシステム内の温度と湿度を管理／調整し，印刷時に起こる機内環境の変化を最小限に抑える。

一般的に印刷業で使われる多品種のメディア（表面加工処理，タイプ，重量：80～300gsm）をサポートする。このシステムには用紙トレイが3箇所あり，異なる種類の用紙を丁合いさせるような複雑なジョブにも柔軟に対応する。

まずメディアは，それぞれの用紙フィーダーから自動シートポジショナー（ASP）へ運ばれる。ASPは，「セイムデュアルエッジ ポジショニング理論」を採用し，ブランケットからメディアへの転写時と表裏印刷時の見当精度を高める為，デジタルフロントエンド（DFE）から送られてくるスクリプト情報を基に，メディアを4方向（前後左右）に移動させながら正確な位置に補正し，搬送路（Web Transport）に送り込む。Web Transport上に正確に配置されたメディアは，その後4，又は5胴あるイメージングユニットへ搬送され，その上に各色のトナーが連続的に転写される。

色見当精度技術にあたる「基本イントラックキャリブレーション（BIC）」と「メディアイントラックキャリブレーション（MIC）」，「イメージフォーメーション技術（マルチレベルLEDライターとアルゴリズム）」，イメージングユニットで採用している「Compliant Transfer Intermediate技術」についての詳細は後の節で説明する。基本的な4色（K，C，M，Y）の他に，第5

---

*1　NexPress Solutions, Inc.
*2　NexPress GmbH
*3　Koji Suzuki　コダック㈱　ネクスプレス・ソリューションズ

最新プリンター応用技術

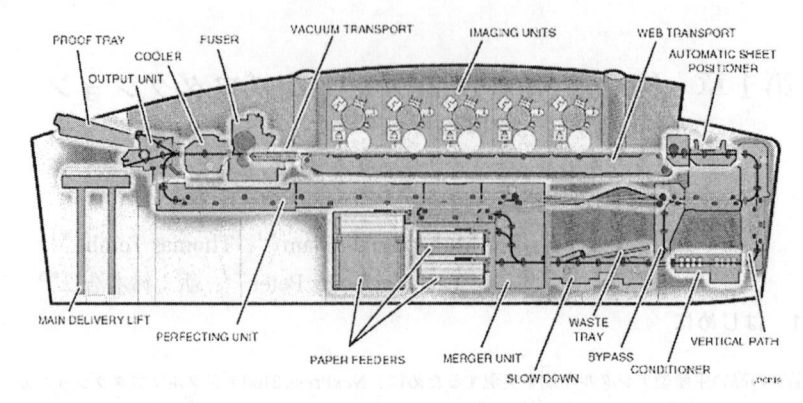

図1 第5イメージングユニットを装着したNexPress 2100デジタルプレス
（巻頭カラー参照）

イメージングユニットが準備され，クリアトナーはキズ防止や部分的に画像を強調する際に，そしてRGBのトナーはカラーガモットを広げる際にと，様々な新しい印刷アプリケーションに活用することが可能である。

メディアはその特性別に調整される定着/冷却ユニットへ運ばれ，違うメディアを混在させた状態であっても，常にフルスピードで忠実な色再現と安定した光沢を維持する。片面印刷の場合，印刷されたメディアはプルーフトレイかメインデリバリーユニットへ運ばれ，後加工の工程を待つ。

両面印刷の場合，片面印刷を終えたメディアは搬送速度を落とすことなくセイムエッジ反転装置で反転され，裏面への印刷工程に進む。この反転装置はフルスピードでの連続両面印刷を可能にした。精巧なプロセスコントロールはシステム全体をカバーし，連続稼動時の安定性を確保する。

2 用紙のハンドリングと見当調整（BICとMIC）

この節では，NexPress 2100プレスのイメージングユニットに採用されている色見当精度技術について説明する。フィードバック管理システムはオフセット印刷機の高い見当精度とメディアを前方へ搬送する役目を持っている。継続的に4，又は5色印刷で高い色見当精度を実現するために，NexPress 2100プレスは精巧なオンラインモニタリングを循環させている。この循環が図2で説明されている「露光タイミングフィードバック管理システム」といわれるものである。

この露光タイミングフィードバック管理システムは，メディアの先端を感知した時に，それ

第1章　Kodak NexPress デジタルプロダクション印刷テクノロジー

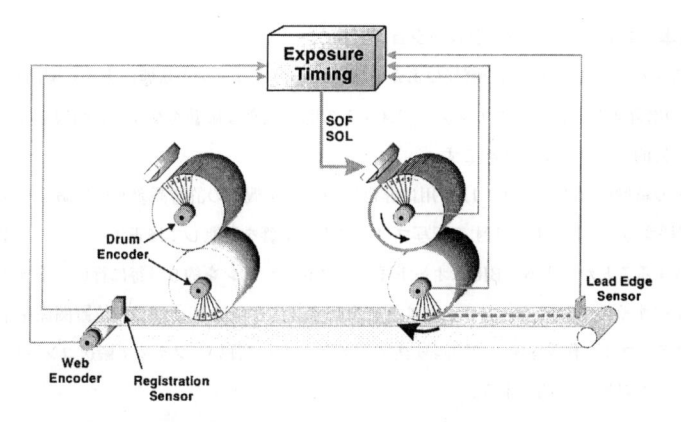

図2　露光タイミングフィードバック管理システム

をイメージングユニットへ伝えるリードエッジセンサーによって構成されている。各イメージングユニットを通過する静電されたウェブ上にあるメディアの位置は，ウェブエンコーダーを用いて管理される。メディアがイメージングユニットを通過した後，再度レジストレーションセンサーで確認される。

更に，上部に位置するイメージングシリンダードラム（IC）とその下にあるブランケットシリンダードラム（BC）はエンコーダーを用いて2つのドラムのニップ圧によるオーバードライブやスリップ等の影響を管理する。これらから得たデータは，オンラインで露光タイミングフィードバックアルゴリズムを介して，温度とメカニカルノイズを調整し，高い色見当精度とトナーの転写品質を実現する。

「露光タイミングフィードバックアルゴリズム」と「温度とメカニカルドリフト管理アルゴリズム」の主要部分は，ネクスプレス・ソリューションズの特許である[1~4]。

これらのオンライン管理とキャリブレーションプロセスは，機械のアップタイムに影響を及ぼすことなく，損紙の量を増やすこともない。そしてここに更に2つの自動キャリブレーションが加わる。基本イントラックキャリブレーション（BIC）はイメージング部分の許容誤差を管理する。メディアイントラックキャリブレーション（MIC）はニップの機構に影響を与える用紙特性を管理する。この2つのアルゴリズムについては，以下に詳しく説明する。

これらのプロセスコントロールとメディア搬送機能がオフセット印刷なみの高い色見当精度を多品種のメディアで実現する。

2.1 基本イントラックキャリブレーション（BIC）

見当精度の高さはドラム類の磨耗にあたるようなハードウェアの状態に大きく関係している。ICやBCの磨耗エラーはニップエンゲージメントの際に大きな影響を及ぼし，結果として色見当精度に継続的なエラーを引き起こす。

これらの継続的なエラーは，1) 費用は非常にかかるが機械の許容誤差を更に厳しくする，2) BICで磨耗することにより発生する転写プロセス上の影響を計測して修正する，などによって大幅に削減することができる。BICはオートキャリブレーションを約5分毎に行い，ドラム類のエラーを監視する。そしてイントラックエラーを起す理由となるICとBCの位置関係を示すルックアップテーブルを作成する。そのルックアップテーブルに従い，メディア搬送コントロールが，そのエラーを計算し，補正する。

このBICアルゴリズムは，ドラムの磨耗が＜10μm（BIC未使用時）から＜40μm（BIC使用時）の際，イントラック側の色見当精度に影響を及ぼすこと無く調整することが可能であり，図3のように，印刷物の生産コストを大幅に削減することができる。

ドラム類の磨耗エラーの補正

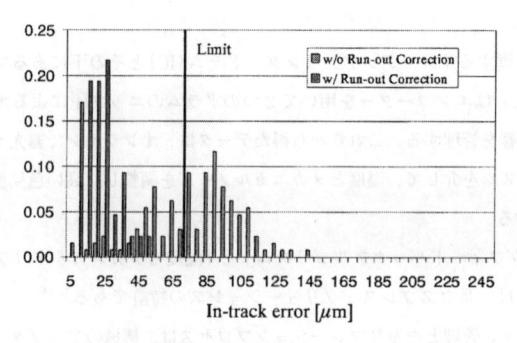

図3　BIC採用時のイントラックパフォーマンス増加チャート

2.2 メディアイントラックキャリブレーション（MIC）

メディアは種類が異なるとその素材によって，堅度，紙厚，表面処理等が異なり，ニップ特性が異なる。メディアタイプはエンゲージメント時やBCとwebがニップする際の形状に影響を及ぼす。結果として様々な配置と各色の画像範囲設定が必要となり，それがイントラック側に色見当エラーを引き起こす。

MICは，その影響を各色のオートキャリブレーション時に計測し，リアルタイムで補正する。

第 1 章　Kodak NexPress デジタルプロダクション印刷テクノロジー

メディアイントラック補正

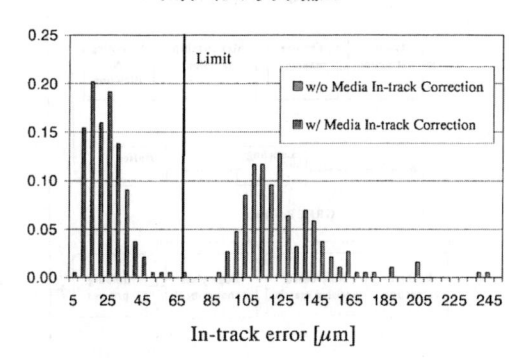

(グラフ:縦軸 0.00〜0.25、横軸 In-track error [μm] 5〜245、Limit 線あり、w/o Media In-track Correction と w/ Media In-track Correction の比較)

図 4　MIC 採用時のイントラックパフォーマンス増加チャート

メディア毎に設定されている補正値はメディアカタログ内に保存される。露光タイミングプロセスには MIC パラメータが含まれており，複数種類のメディアが使われている場合であっても 1 枚毎にメディア特性を計算しながら，メディア情報上のイントラックエラーを補正する。イントラックパフォーマンスの向上については図 4 を参照されたい。

3　画像形成

Border Enhanced Screening 技術（BEST）[5] は，GRET[6] アンチエイリアス技術とマルチレベル対応スクリーニング方法論を融合させ，その効果を最大限に活用化させた電子写真プロセスであり，全ての画像において文字（色文字の彩度の濃淡に関わらず）や線画／写真（イラスト）画像を同時に優れた画質[7]で表現する。レンジの広いマルチレベルスクリーン露光をサポートし効率化するために，露光を均一化させる調整の為のノンリニア露光クロック[8]を用いたマルチレベル LED ライターを各イメージングユニットに装備し，高速印刷時におけるリニア可視光域内での 8-bits/pixel 露光を有効にした。

「BEST アルゴリズム」のブロックダイアグラムが図 5 になる。メディア属性を考慮したカラープロファイルを用いるカラーマネージメント，最適条件でのスクリーニング，そして EP プロセスコントロールが，長時間にわたる安定した忠実な色再現を可能とした。

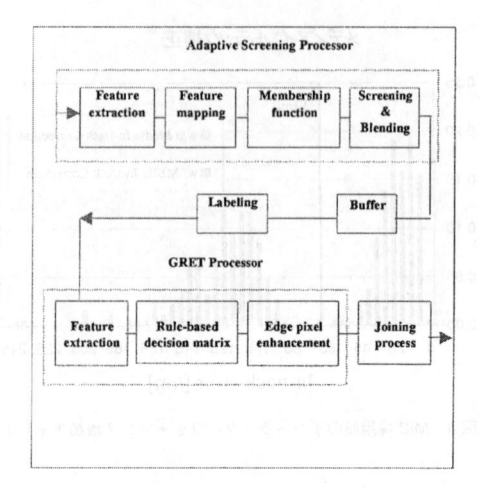

図5 BESTアルゴリズムにおける機能

4 転 写

　NexPress 2100プレスのトナーの転写プロセスは，頑丈な筐体に信頼性と柔軟性を兼ね備えながら，クラス最高の画質を得るために設計された。モジュラーデザインのコンセプトが，4〜5つのイメージングモジュールの並列設置を可能とさせ，機械全体の設計をシンプルにさせることによって，複雑な開発プロジェクト全体をスムーズに推進させることができた。
　図6にあるイラストは，それぞれのイメージングモジュールのEPプロセスを説明している。各モジュールに採用されたブランケットとイメージングシリンダーの構成「drum-to-drumデザイン」が，信頼性と耐久性の高い頑丈な機構を実現した。特殊な材質で構成されているマルチレイヤーのブランケットシリンダー (BC) は安定した高品質の画像を様々なメディアに転写できるように開発された。
　絶縁素材のローラーによって駆動しているトランスポートウェブが，それぞれのイメージングモジュールのBCに動力を与えている。そして電荷が与えられたトランスポートウェブによって，用紙は次のイメージングモジュールへ搬送される。更に，このトランスポートウェブはメディアへ画像を転写させる際に，メディアの誘電特性による影響を防ぎながら，メディアを挟み込むニップの役目を果たす仕組みになっている。
　各イメージングモジュール上のBCは独立した状態になっており，メディア搬送路や他のモジュールを含むEPプロセス全体からの影響，磨耗，そしてノイズの原因を減少させる。その独立した構造は感光性のイメージングシリンダー (IC) から最終的にメディアへトナーを転写させ

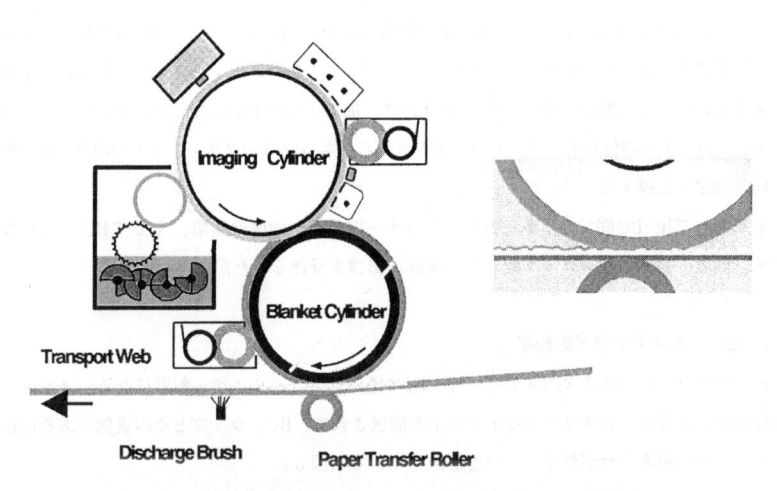

第1章 Kodak NexPress デジタルプロダクション印刷テクノロジー

図6 NexPress 2100プレスのイメージングモジュール概要図
（BCの特長を分かり易くする為に用紙の表面を意図的に荒く表現している）

る際に，各色のトナーだけでなく，直前のモジュールで転写されたトナーの上に別の色のトナーを転写させる場合にも，その効率を最大限に引き上げる。

このICとBCのユニークなモジュールデザインにより，NexPress 2100プレスは高品質画像を400種類以上のメディアへ常に安定した状態で転写することが可能となった。

4.1 IC から BC への転写

トナーはBC内の定電圧にサポートされ，ICからBCへ転写される。向かい合っているBCとICが接している実際のニップ空間が静電転写に重要な電界をコントロールする。BCの抵抗率と印加電圧は管理され，ニップの開始点の電界を最小限に抑え，トナーの転写エラー（画像をぼやかしてしまう原因）と周辺空気のイオン化（トナーの電荷を減退させ転写の効率と均一性を妨げる）を防ぐ。

同時に電気的パラメーターはニップの出口点でトナーへの過電やICへのトナー戻りの元となる周辺部分のイオン化を避けながら，トナーが確実に転写されるように最大値の電界を与えるようにセットされる[9, 10]。BC表面の弾力性（密着性）はトナー粒子がニップに入るときに重要な役割をする[11, 12]。このブランケットは，トナーイメージを転写するニップ時のエアギャップを削減し，高い電界値と静電転写の効率を高める。

更にIC上のトナー表面の付着力は広範囲に保たれ，キャンセルされない限り，反対側にある

123

BCの表面へそのまま転写される。BCの表面特性は非常に繊細なもので，特殊な薄いコーティングを施すことによって，ICからBCへのニップ，そして，最終的なメディアへの転写にも最大の効果を発揮する。高精度の帯電防止ポリウレタン加工されたBCによって，薄いセラマーコーティングはトナーの付着力をコントロールしながら，ニップ時のブランケットの硬度と低効率を正確に測定／伝導する。

結果としてIC-BC間でのトナー転写は，トナーの帯電や画像の種類，そしてBCの適切な低効率，硬度，表面特性やニップ幅などの変動に影響を受けることがない。

4.2 BCからメディアへの転写

転写プロセスにおける次のステップは，BCからメディアへのトナー転写になる。メディアは絶縁状態にあるトランスファーウェブの上を搬送される。BC，ウェブとその裏側にある用紙搬送ローラーの組み合せが転写ニップを形成している（図6）。

ローラーにガイドされているウェブと各BCは，用紙搬送ローラーがウェブと触れ合う5mm程手前で接触する。このプリニップラップがトナー転写不良やニップ前のイオン化の現象を防ぐ[13]。ICからBCへの転写の際は，ニップ時のエアギャップを削減し，最大の静電気力を発揮しながら，メディアへのトナーの付着力とBCへのトナーの付着力を平衡に保つ。メディアの平滑性は様々なので，エアギャップを削減する為に用紙転写ローラーは相当量のプレッシャーを加える。

この仕組みによってBCは高品質な画質を保ちながら凹凸のあるような様々なメディアにも対応することができる[8,14]。この静電転写法は用紙転写ローラーの中心に安定した電流を与え，それがウェブの裏面に電荷を伝え，ニップ時にメディア上のトナーに充電され電荷を誘導する。

全ての電荷はトランスポートウェブの裏側の用紙転写ニップの後方にあるパッシブ放電ブラシによって除去される[15]。プリニップラップ，絶縁状態のトランスポートウェブ，そして反対側にあるBCとの組み合せは様々な種類のメディアへトナーとメディア特性に影響を受けない効率の高い，そして安定した転写プロセスの状態を保たせる。

5 画像定着

NexPress 2100プレスの画像定着ユニットは図7になる。この画像定着システムは向かい合った2つの大型の定着ローラー[18]によって構成されており，そのニップ幅も大きいものになっている。

その効果として，様々な種類のメディアに対して毎時2100ページ（A3）の速度で安定した定着を施すことができる。更にその2つの定着ローラーによるニッピングは，表面が粗いメディ

第1章 Kodak NexPressデジタルプロダクション印刷テクノロジー

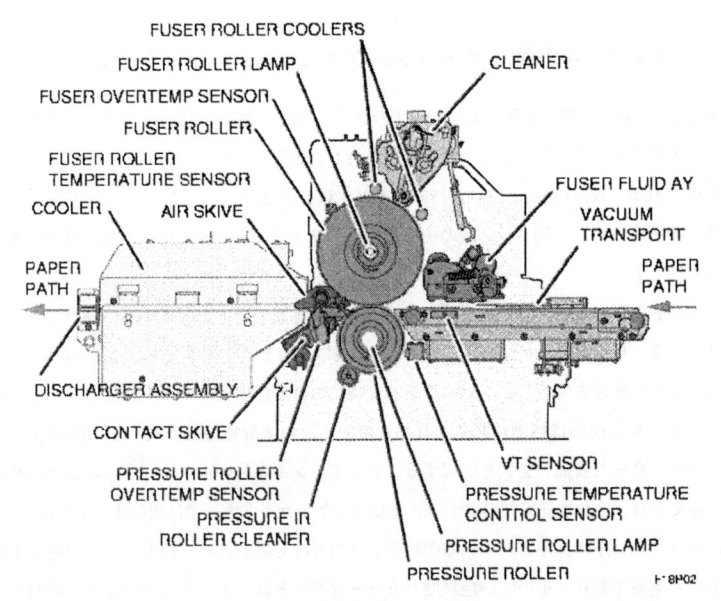

図7 定着／冷却ユニットの断面図

アであっても，カールを起こすこと無く定着させる。この定着ユニットは圧搾空気を用いて据え付けられており，様々な重さや厚さの違うメディアに対してニップ幅を容易に変更すること[16]を可能としている。

定着の後，メディアはエアナイフからの空気圧によって，まず定着ローラーから剥離され，次にコンタクトスカイブによって，プレッシャーローラーから剥離される[19]。このエアナイフは定着ローラーに接触していないので，定着ローラーの磨耗やヒューザー上で発生するストリークを抑えることができる。また，その空気が定着後のイメージを冷却させ，その後の搬送路や冷却ユニットでの画像へのダメージをも抑える。

定着／プレッシャーローラーの材質[17, 20]は，熱を効率良く伝導させ，ローラー間にニップを形成し，そしてメディアをローラーから剥離させやすいように開発された。ローラーの表面はその寿命を延ばし，メディア特性に合致した定着設定をすることで，画像のグロス度とメディアのグロス度とをマッチングさせることが可能になる。

6 ドライインキと第5イメージングユニットソリューション

NexPress 2100プレスに採用されているドライインキは，最高のパフォーマンスを発揮しながら高品質のプリントを実現できるように開発された。専用デベロッパとドライインキは非常に高速で形成される。NexPressデベロッパのキャリアは，高速デベロップメントを実現し，無類の高画質を実現する為に，同クラス機の中でも最小のフェライト粒子を用い，また特許であるSPD技術を採用した。

それは一般的にはトナーの枯渇が理由になるが，テイクアウトレートが高い場合であっても画像濃度に影響を与えることがない。デベロッパの長い寿命とドライインキの高い生産性によって，常に安定した生産性を実現し，プロダクション時における総生産コストを抑えことができる。ドライインキの結合樹脂は特別に開発されたもので，その溶解特性は素晴らしい印刷安定性とメディア特性に合った表面の光沢を実現する。ドライインキの結合ポリマーは卓越した溶解流動特性を持っており，それは従来型のトナー，もしくはケミカルトナーでは再現することはできない。

そのドライインキに採用されている顔料粒子は均等に分散され均一の色品質を可能にする。顔料の選択も重要であり，その広い色彩度とカラーガモットは，オフセット印刷で一般的に使われているスタンダードSWOP (Specifications for Web Offset Publications) にマッチングさせることが可能である。ドライインキを形成している全てのコンポーネントは全て人体に対して影響が無いことを保証する[21]。

第5ユニットを搭載したNexPress 2100 pressには，通常のCMYKトナーと一緒にクリアドライインキ (CDI) を使用することができ，インテリジェントコーティングプロセスによってCDIを任意の画像エリアに転写させることが可能である。クリアトナーにはいくつかの優位性がある。
1) 図8のTaber Abrasion Testerや，その他の一般的な擦れのテストで得た結果のように，摩

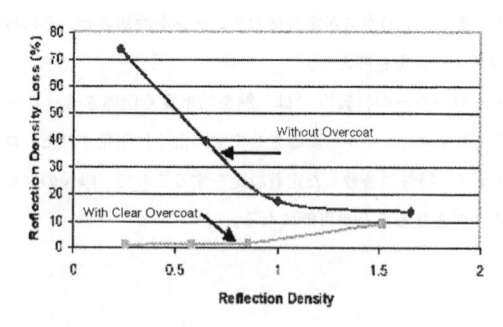

図8 画像へのクリアオーバーコーティングのTaber Abrasion Testerの結果

第1章 Kodak NexPress デジタルプロダクション印刷テクノロジー

擦によって生じる擦れを防止する[22]。それはオフセット印刷で用いられる水性コーティングと同等の結果を示している。2) グロス系の用紙とマット系の用紙におけるグロスレベルの拡張[23]をより明確にさせることができ、それがオフセット印刷で得るものより優れていることを表1が示している。表中での、一般的なリニアビジュアルスケール（VS, 数値が小さい方が良い）として、G60グロス計測法を使用した[23]。3) ニアラインのNexGlosserグロッシングユニットを使用すれば、CDIイメージのグロス度を更に引き上げることができ（G20=〜90が可能）、このインテリジェントグロッシングプロセスは、写真画像を再現する際にもっとも適した加工のひとつとなる。

4色印刷プロセスにおいては、ごく一部のコーポレートアイデンティティの色やスッポトカラーしか商業的に再現することができない。オフセット印刷や一部のデジタル印刷機は、指定された特色を用いることによってそれを可能とする。

ペンタクローム5カラーマルチレベルハーフトーンミキシングプロセス[22]を用いた交換式の第5カラーステーションを使用すれば、NexPress 2100プレスはスポットカラーの表現領域を商

表1 ビジュアルスケールによるCDIプロセスの違い

	ノンコート紙マット, no CDI	ノンコート紙マット, CDI	コート紙, グロス no CDI	コート紙, グロス CDI	コート紙, グロス オフセット
VS(Visual Scale)	15.1	10.1	17.5	9.8	12.2

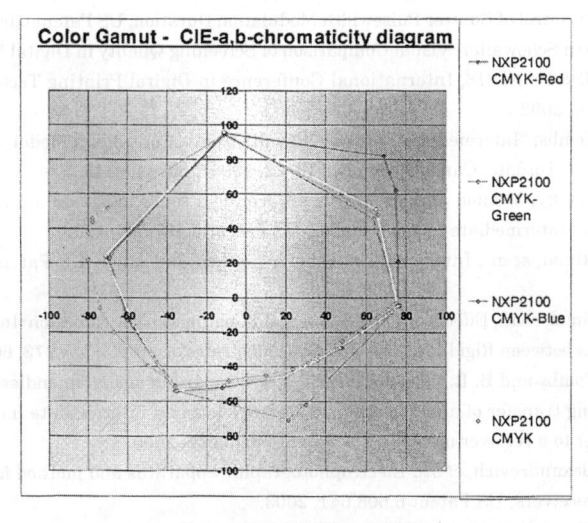

図9 5色プロセス時の色度図
（巻頭カラー参照）

127

業的な許容範囲で85%まで拡大することが可能になる。通常の4色に加えレッド，グリーン，ブルーを加えた NexPress インテリジェントカラープロセスを用いた色度図が図9である。

文　献

1) Donald Buch *et al.*, Method and Apparatus for Setting Register on a Multicolor Printing Machine by Time Independent Allocation of Positions of Image Productions to Printing Substrates, US Patent 6,493,012, 2002.
2) Ingo Klaus Dreher *et al.*, Method and Apparatus for Setting Registration in a Multicolor Printing Machine Based on Printing Substrate Grade, US-Patent 6,519,423, 2003.
3) Ingo Klaus Dreher *et al.*, Method and Apparatus for Setting Registration in a Multicolor Printing Machine Based on Printing Substrates, US Patent 6,522,857, 2003.
4) Donald Buch *et al.*, Method and Apparatus for Correcting Register Faults in a Printing Machine, US Patent 6,591,747, 2003.
5) Hwai Tai and Yee Ng, Border Enhanced Screening Technology (BEST), IS&T's 2001 PICS Conference Proceedings, pp 42-45, 2001.
6) Yee S. Ng, Gray Resolution Enhancement Anti-aliasing Technology (GRET) for high speed printing, IS&T's NIP16, pp 810-813, 2000.
7) Yee S. Ng, *et al.*, Non-Impact Printer Apparatus and Method of Printing with Improved Control of Emitter Pulsewidth Modulation Duration, US Patent 6,061,078, 2000.
8) Christian Schowalter, Visual Comparison of Screening Quality in Digital Printing Systems, IS&T's NIP18, International Conference in Digital Printing Technologies, pp 682-686, 2002.
9) T. N. Tombs, "Intermediate Transfer: Results from a Continuum Model," *Proceedings of NIP14*, Toronto, Canada (October 18-22, 1998), pp. 440-443.
10) M. Zaretsky, Method and apparatus of forming a toner image on a receiving sheet using an intermediate image member, US Patent 5,187,526, 1993.
11) D. S. Rimai, *et al.*, Intermediate transfer method and roller, US Patent 5,084,735, 1992.
12) D. S. Rimai, *et al.*, Effects of Thin, Semi-Rigid Coatings on the Adhesion-Induced Deformations between Rigid Particles and Soft Substrates, *J. Appl. Phys.*, **73**, 668 (1993).
13) T. N. Tombs and B. R. Benwood, Method and apparatus using an endless web for facilitating transfer of a marking particle image from an intermediate image transfer member to a receiver member, US Patent 6,075,965, 2000.
14) P. S. Alexandrovich, *et al.*, Electrophotographic apparatus and method for using textured receivers, US Patent 6,608,641, 2003.
15) D. M. Herrick, T. N. Tombs, G. S. Wright, Reproduction method and apparatus for

第 1 章　Kodak NexPress デジタルプロダクション印刷テクノロジー

post-transfer image conditioning, US Patent 6,243,555, 2001.
16) Aslam *et al.*, Fusing Apparatus Providing Tuning of Image Gloss to Match Gloss of Receiver Member, US Patent 5,956,543.
17) Chen *et al.*, Fuser Member Having Fluoroelastomer Layer, US Patent 5,824,416
18) Muhammed Aslam, Maximizing Image Gloss Uniformity by Minimizing the Effect of Temperature Droop in a Fuser Reproduction Apparatus, US Patent 6,061,544
19) Aslam et al., Dual function Air Skive Assembly for Reproduction Apparatus Fuser Rollers, US Patent 6,208,827.
20) Chen *et al.*, Toner Fuser Roll for High Gloss Imaging and Process for Forming Same, US Patent 6,224,978.
21) D. Tyagi, Toners for high quality Digital Production Printing, Proc. of International Conference on Digital Production Printing and Industrial Applications, DPP2003, pp. 207-210, 2003.
22) Dinesh Tyagi, *et al.*, Enabling Expanded Color Gamut and In-Line Coating Processes, IS&T's NIP20 conference proceedings, 2004.
23) Yee S. Ng, *et al.*, Standardization of Perceptual based gloss and gloss uniformity for printing systems (INCITS W1.1), Proc. of IS&T's 2003 PICS Conference, pp 88-93, 2003.

第2章 デジタルドキュメントパブリッシャー(DDP)

小野田　貴[*1]，藤　朝彦[*2]，白川順司[*3]

1990年代，パーソナルコンピュータの急速な普及と共に，DTPソフトウェアの充実およびネットワーク化による資源の共有化で印刷業務ワークフローのデジタル化基盤が浸透した。一方，出版物の供給者は在庫を抱えずに少量・多品種の出版物を短納期で提供することが求められ，本要求に応えるべくオンデマンド印刷方式が提案された。このような背景により，オンデマンド印刷に要求される出力装置は，高解像度，高速印刷および高信頼性に加え，パーソナルコンピュータで作成した印刷データをネットワーク経由で印刷する機能が必須となった。

当社は，メインフレーム等の大型コンピュータ接続の高速プリンターを製造・販売しているプリンターメーカーである。このため，長年に渡り大型コンピュータ用のプリンター(基幹系業務用の印刷)で培った高信頼性・高速印刷技術を基盤とし，さらに精密なレーザー光学系による高解像度化，業界標準のプリンター言語(Adobe社PostScript[注1])の搭載，マルチプラットフォーム対応のネットワーク経由の印刷，印刷業界要求の用紙サイズ／用紙種類への対応および中綴じ／裁断機能の後処理機の製品化により，オンデマンド印刷市場向けにデジタルドキュメントパブリッシャー（DDP）シリーズを投入した。

なお，本プリンターは，メインフレームおよびサーバー環境の基幹系業務印刷にも対応した性能および機能も具備しており，オンデマンド印刷と基幹系業務印刷の双方の市場に適したプリンターシステムを提供する。

(注1　Adobe社の登録商標である。)

1　製品概要

製品概要を表1に示す。

---

* 1　Takashi Onoda　リコープリンティングシステムズ㈱　開発設計本部　システム設計部 部長
* 2　Asahiko Fuji　リコープリンティングシステムズ㈱　開発設計本部　主管技師
* 3　Junji Shirakawa　リコープリンティングシステムズ㈱　開発設計本部　主管技師

第2章 デジタルドキュメントパブリッシャー (DDP)

表1 製品概要

No.	項目		DDP70	DDP92	DDP184
1	発表年度		99/3Q	01/3Q	03/4Q
2	印刷方式		電子写真方式 モノクローム	電子写真方式 モノクローム	電子写真方式 スポットカラー
3	印刷速度		70ppm	92ppm	184ppm
4	解像度		600×600dpi		
5	用紙	サイズ	A5/A4/A3/B5/B4 レター/レジャー/リーガル/12×18インチ カスタムサイズ		
		坪量	16〜42lbs(55〜135kg) 110lbsインデックス(180kg紙相当)		
6	給紙容量		150+500+500+2,000枚		
	増設給紙容量		3,000枚		
7	排紙容量		最大:2,000枚×1+200枚×1		
8	フィニッシャー (オプション)		平綴じ	平綴じ,中折り,中綴じ	
9	外形寸法 (mm)		標準:650×665×1,000	標準:1,800×665×1,000	
10	設置面積 (本体)		4,000cm² (幅600×奥行665)	11,970cm² (幅1,800×奥行665)	
11	質量		標準:170kg	標準:415kg	
12	電源		200〜240V 50/60Hz		
13	消費電力		2,000VA	2,400VA	4,800VA

2 印刷原理

2.1 装置構成

図1はDDPの断面図を示しており,プリンター本体部と用紙後処理部から構成されている。プリンター本体は画像を作成する印刷部と用紙を印刷部に送り込む用紙搬送部とから構成されている。

また,用紙後処理部は4.3.4項で記述されているように,用途に応じて処理機能が異なる装置を選択することが可能である。図1は,最も一般的に使用されている平綴じフィニッシャーを接続した一例である。

2.2 印刷プロセス

DDPの印刷方式は,OPC (Organic Photo Conductor) と呼ばれる光半導体を感光体に用いた電子写真技術を採用している。印刷は図2のプロセスで行われる。

131

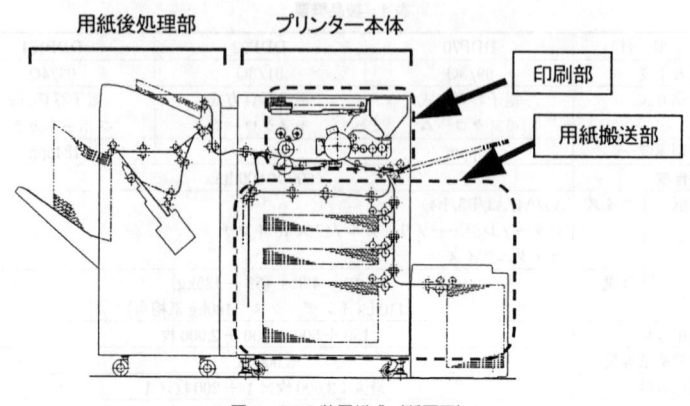

図1 DDP装置構成（断面図）

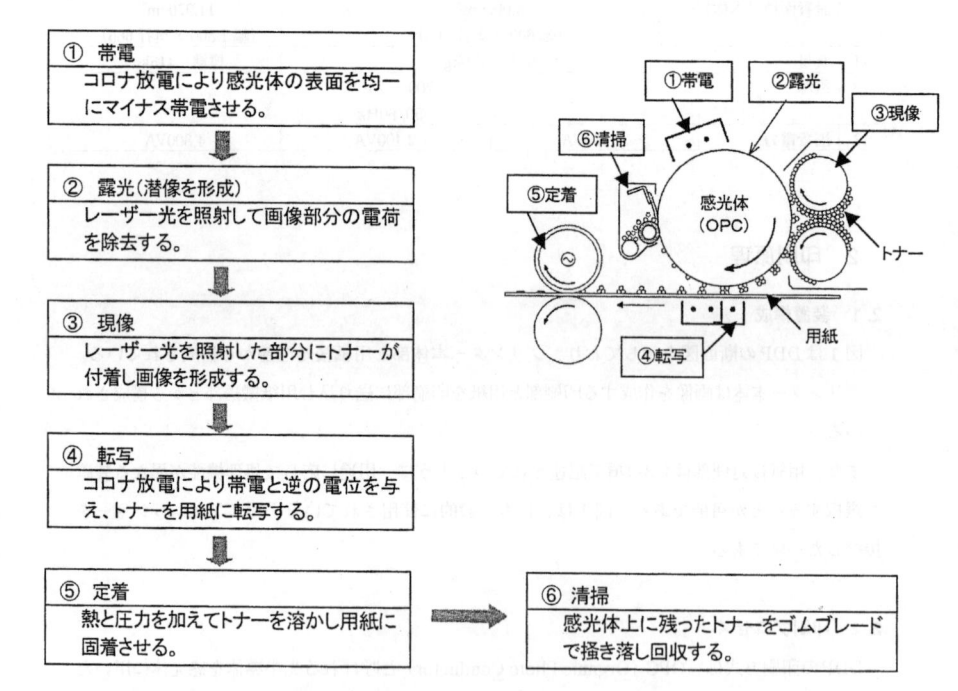

- 用紙後処理部
- プリンター本体
  - 印刷部
  - 用紙搬送部

① 帯電
コロナ放電により感光体の表面を均一にマイナス帯電させる。

② 露光（潜像を形成）
レーザー光を照射して画像部分の電荷を除去する。

③ 現像
レーザー光を照射した部分にトナーが付着し画像を形成する。

④ 転写
コロナ放電により帯電と逆の電位を与え、トナーを用紙に転写する。

⑤ 定着
熱と圧力を加えてトナーを溶かし用紙に固着させる。

⑥ 清掃
感光体上に残ったトナーをゴムブレードで掻き落し回収する。

（感光体(OPC)／トナー／用紙／①帯電／②露光／③現像／④転写／⑤定着／⑥清掃）

図2 印刷プロセス

第2章　デジタルドキュメントパブリッシャー (DDP)

3　印刷業界から要求される機能

印刷業界では，印刷位置の「高精度位置合わせ」や，業務効率の向上から「重送を検知する機能」や「処理性能の向上」，「後処理装置の機能付加」が要求される。

3.1　印刷位置合わせ

各給紙トレイから送られる用紙の位置ずれを補正するため，用紙エッジをイメージセンサで検出し，用紙の位置・姿勢を頁毎に自動的に認識し，用紙位置に合わせて印刷位置を補正している。

また，熱と圧力を加えて定着しているため，裏面は表面に対して用紙が収縮し，表・裏の画像幅にずれが生じる。DDPは複数の画像幅条件を選択できる機能を持っているため，用紙の収縮度に合わせて画像幅の補正ができ，表裏の印刷位置を高精度で合わせることを可能にしている。

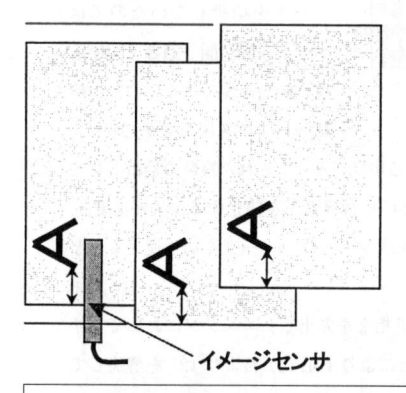

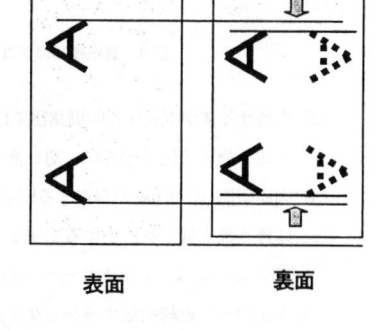

| イメージセンサが用紙端を検出し，用紙の姿勢情報をフィードバックし用紙端から同じ位置に印刷する。 | 用紙の収縮に合わせて裏面の画像幅を縮小して表面と裏面の印刷画像の幅を合わせる。 |

図3　印刷位置合わせの補正方法

3.2　重送検知

カット紙レーザープリンターでは，複数枚の用紙が重なった状態で給紙される重送という現象を発生する場合がある。重送が発生した場合は，印刷物に白紙が混入するという印刷不良を起こす。特に後工程で製本などがある場合は，白紙の混入は許されないため，人手による印刷結果の確認が必要となる。しかし重送検知機能を取り付けることによって，このような作業は不要となり，出力結果に対する信頼性が高まり，かつ業務の効率が向上する。図4は重送検知のプロセスを示している。

3.3 処理性能

プリンターとして，エンジンの性能を維持するためには，高性能なコントローラーが要求されることは勿論であるが，特に中速以上のカット紙プリンターにおいては，印刷性能を最大限発揮するために以下のような工夫が必要である。

(1) 用紙搬送路が長いため，前のシートの印刷終了後に次のシートを給紙していたのではシート間隔が開き過ぎて印刷速度性能が確保できないので，給紙シーケンスに工夫が必要。

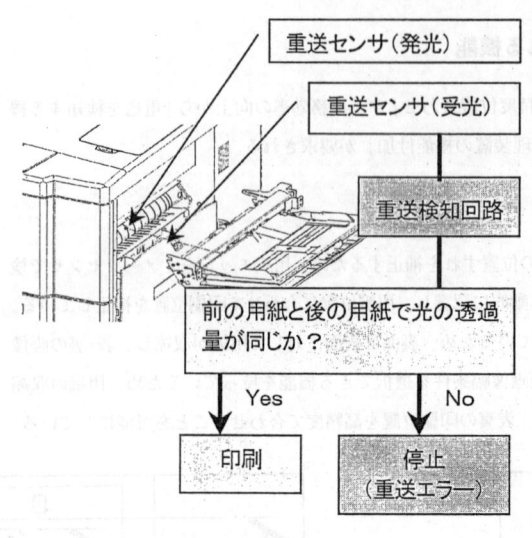

図4 重送検知のプロセス

(2) 異種サイズが混在する印刷業務では，サイズの異なる用紙がセットされた複数の給紙トレイを切り換えて使用するが，切り換えに伴い発生する印刷速度低下を防止する工夫が必要。
(3) 両面印刷・片面印刷が混在する印刷業務において，両面／片面印刷モードを切り換えることに伴う性能低下を防止する工夫が必要。

DDPにおいては，コントローラーからエンジンへ給紙指令を先出し，エンジンにおいてタイミングを図って連続給紙するシーケンスで制御することにより上記 (1) および (2) を解決している。

また，両面印刷・片面印刷が混在する印刷業務においては，片面印刷をコントローラー内部で裏面を白紙として両面印刷に読み替えている。それにより印刷モードの切り替えが無くなり，上記 (3) を解決している。

3.4 後処理装置

プリンターの幅広いニーズに応えるために，プリンター本体とともに大容量ホッパー，フィニッシャー，パブリッシングフィニッシャーおよびコンテナスタッカーの前後処理装置を製品化した。特に，オンデマンド印刷用途では製本装置が望まれており，フィニッシャーには平綴じ，中綴じ，中折り機能を搭載，パブリッシングフィニッシャーでは中綴じ，中折り機能に小口断裁機能を付加して高品位の製本を可能にして市場要求に応えている。

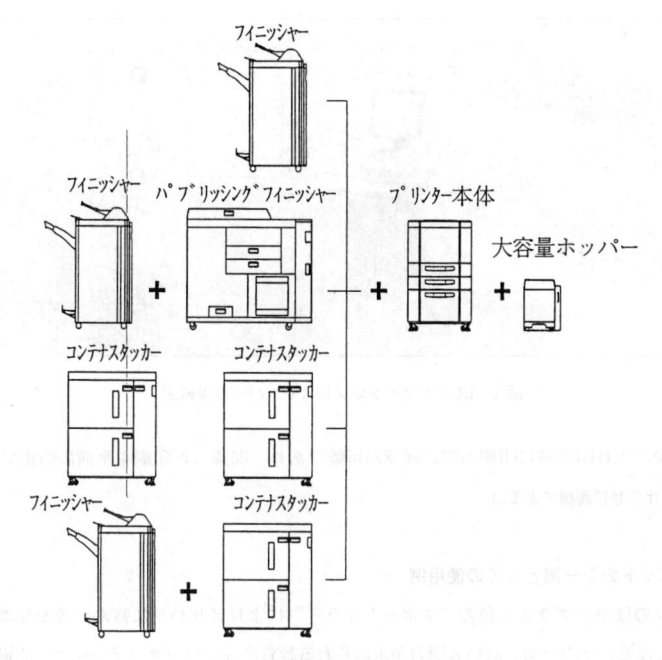

第2章 デジタルドキュメントパブリッシャー (DDP)

図5 後処理装置の組合わせ構成例

4 DDPの使用例

4.1 モノクロプリンターとしての使用例

4.1.1 多彩なアウトプットオプションによるペーパーハンドリング

印刷後のジョブの仕分けを容易にするために，上位からの設定により，別トレイにセットされた合紙やインデックス用紙をジョブの間に挿入すること，またジョブ毎にオフセットさせてスタッカーに用紙を積み上げるジョブオフセット印刷が可能である。また，多彩なステープル処理，中折り，中綴じ処理によりブックオンデマンドに対応した中綴じ製本が可能となっている。そのため，マニュアル製本印刷，問題集印刷等の少量多品種印刷用途に広く使用されている。特に，DDPの基本性能である高性能・高耐久性により短時間大量印刷業務に対してより大きな効果を発揮している。

4.1.2 「マイクロプレス (注2)」との接続

各種クライアントPCと米国EFI社のプリントサーバー「マイクロプレス」を接続することで，最大4台のDDPプリンターの連結ができ368頁/分の高速分散印刷が可能になる。これにより，オフセット印刷に代わり大量印刷業務に対応可能となる。また上記サーバーは，RIP後のプレ

135

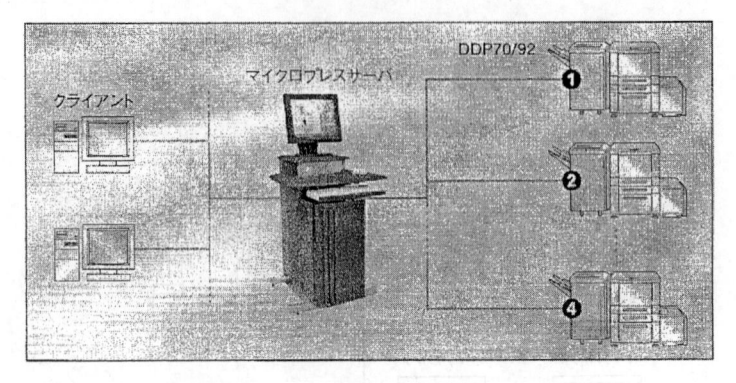

図6　DDPとマイクロプレスサーバーの接続図

ビュー機能により印刷前に印刷内容の確認が可能であり，間違った印刷を事前に防止できる。

(注2　EFI社の登録商標である。)

4.2　スポットカラー機としての使用例

モノクロのほかにプラス1色の"スポットカラー"によりメリハリに富んだ豊かな表現の印刷が可能となる。そのため，高い表現力が求められる教育関係，マーケッティング，印刷系等のさまざまなビジネスニーズに効果を発揮している。具体的には，2色マニュアル，問題集，チラシ印刷及び教育関連の添削結果印刷等の業務に使用されている。また，MICR[注3]トナーに対しても対応しているので，MICR＋黒またはカラーの組合せのエンジン構成も対応可能である。必要な部分のみをMICRトナーで印刷し，他の印刷部分は通常トナーで印刷することで，高額なMICRトナーの使用量を低減することにより，CHECK印刷業務にもワールドワイドで利用されている。

(注3　MICR：Magnetic Ink Character Recognitionの略。)

5　印刷運用管理ソフトウェア「PrintEasy」[注4]

製版・印刷業界では，「必要なものを」，「必要な時に」，「必要なだけ」といった印刷を容易に素早く行うソリューションが望まれている。すなわち，印刷物の在庫縮小，導入したプリンターの有効活用による短納期化，プリンターダウン等によって発生するダウンタイムの最小化が求められる。

(注4　リコープリンティングシステムズ㈱製の印刷運用管理ソフトウェア。)

第2章　デジタルドキュメントパブリッシャー（DDP）

PrintEasyは，これらの課題を解決することを目的としたプリントサーバー型ソフトウェアであり，在庫レスに対応したアーカイブによる印刷，印刷物を複数台のプリンターに振り分けて印刷する分散印刷，プリンターダウン時のリカバリーを行う代替印刷等の機能を備えている。

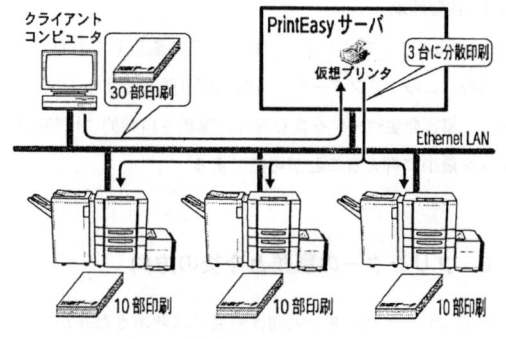

図7　30部を3台に分散印刷の場合

5.1　アーカイブによる繰り返し印刷

PrintEasyに送られたジョブをアーカイブに保管しておくことにより，Windowsエクスプローラ風の操作画面で階層的なジョブ管理が可能である。アーカイブに保管したジョブの印刷は，ジョブを作成したアプリケーションソフトウェアを起動

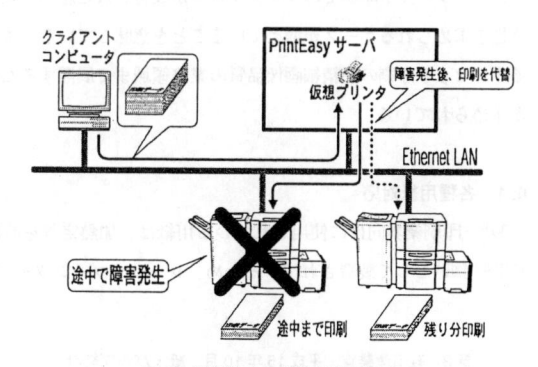

図8　部単位での代替印刷の場合

することなく，印刷に使用するプリンターや，印刷部数を変更してアーカイブマネージャから直接印刷することが可能であり，また，印刷時刻や優先順位を指定することにより印刷ジョブのスケジューリングも可能である。

5.2　分散印刷

複数のプリンターを論理的に1台のプリンターとしてグループ化したものを「仮想プリンター」として登録し，最大15台のプリンターにジョブを分散して印刷することができる。ジョブの分割は，複数部数のジョブを複数台のプリンターに均等に割り当てたり，また，1部印刷のジョブを任意のページ数単位に分割したりすることが可能である。この分散印刷機能により，ジョブの印刷完了までのターンアラウンド時間を大幅に短縮することができる。

137

5.3 代替印刷

PrintEasyは，プリンターの状態を常に監視しており，ある特定のプリンターで障害を検出した場合，このプリンターを一時的に切り離してネットワーク上で利用可能な他のプリンターを検出し，障害発生ページを含む残りの部数を自動的に代替えして印刷を行う。これによりダウンタイムを最小に抑えることが可能である。

6 プリンターの課題と今後の方向

従来のデータセンター系向け製品には要求されなかった性能として，製版・印刷業界では「各種用紙への対応」や「高画質化」が求められている。これは，プリンターによるオンデマンド性によりオフセット印刷でのワークフローが改善された結果，顧客持込の各種用紙などに対する柔軟性を求められるケースが増えていることを意味している。また，写真などを織り交ぜて印刷するオフセット印刷の高精細画像品質の業務領域まで展開するため，写真画質のさらなる高精細化が求められている。

6.1 各種用紙対応

製版・印刷業界向けに使用されている用紙は，加熱定着を前提としないオフセット印刷用用紙（印刷用紙）として製造されているため，レーザープリンターで使用すると用紙の収縮が大きく，幅広の用紙などでは，用紙のシワや波打ち現象が発生するものがある。印刷原理の違いによるものとはいえ，用紙需要の約50％を占める，このような印刷用紙への柔軟な対応ができるプリンターが望まれている。

また製本のカバー用紙のような厚手の用紙への印刷や結婚式などの案内状，式場席次などに多用されるマット紙への対応など，用紙表面の凸凹の大きな用紙，アート紙やコート紙などの平滑性の高い用紙などへの対応

表2　経済産業省　平成15年10月　紙・パルプ統計

区分	生産数量	
紙　　　　計	1,589,359	100%
1. 新聞巻取紙	303,744	19%
2. 印刷・情報用紙	972,425	61%
2-1 非塗工印刷用紙（上級印刷紙など）	237,484	15%
2-2 微塗工印刷用紙	127,221	8%
2-3 塗工印刷用紙（アート紙/コート紙など）	435,157	27%
2-4 特殊印刷用紙（色上質紙など）	28,067	2%
2-5 情報用紙	144,496	9%
1）複写原紙	25,237	
2）フォーム用紙	29,453	
3）PPC用紙	71,163	
4）情報記録紙	13,850	
5）その他情報用紙	4,793	
3. 包装用紙	78,114	5%
4. 衛生用紙	143,732	9%
5. 雑種紙	91,344	6%

第2章　デジタルドキュメントパブリッシャー（DDP）

も望まれている。

6.2　高精細画像化対応

　少量・多品種の印刷業務の多いオンデマンド・軽印刷市場では，オフセット印刷に代わりプリンターの需要が増えて来ている。一方，画像品質においては，オフセット印刷と同等の品質を要求されている。特に製版・印刷業界は，現在の600dpiでの解像度ではまだ画素の粒子が粗く，写真画質のグレースケールを忠実に再現できていない。そのため，低級の版下作成程度までの対応しかできていないのが現状であり，画質改善の要求が強く望まれている。近年，低速領域のプリンターでは1,200dpiや2,400dpiの解像度領域へ移行して来ている。今後は中高速プリンターに対しても同様な高解像度領域のプリンターの開発が求められており，この取り組みが始まっている。

139

【 ファインパターン技術編 】

【ファイトシーズン技術編】

第1章 インクジェット分注技術

長谷川倫男*

1 はじめに

21世紀のコアテクノロジーとしてナノテクノロジーと並んで注目されているのが、バイオテクノロジーである。近年はクローン技術やヒトゲノムプロジェクトの終了など、1970年代の遺伝子工学技術の確立以来、特に研究、技術の進歩が著しいといえるだろう。バイオテクノロジーや化学の分野で、生物試料や化学薬品を使った実験を、水を使うという意味でとくに「Wetの実験」という。「Wetの実験」において、非常に重要なものが分注操作である。いわゆるバイオテクノロジーといわれている分子生物学分野では、生体分子機能を観察するために、必ず何らかのかたちで化学反応を行わせる。その反応系に必要な試薬を添加するためのピペット操作、つまり分注操作は、単純であるがどんな実験にもつきまとう基本操作であり、かつ結果に直接影響を与える重要な操作である。

近年はラボ・オートメーションが進み、とくに企業などの研究室では、こうした単純かつ正確さが要求される分注操作を、機械で行うことが多くなった。それによって、一度に扱うサンプル数が多くなり、そのハイスループット化は進んでいる。また、バイオテクノロジー実験は、数μL〜数百μLの系で行われることが多いが、コスト減などの理由からスケールダウンが進んでおり、マニュアルピペットでは通常不可能な、ナノリットルスケールでの分注も求められている。

ここでは当社取扱いのCartesian synQUAD™分注機 (Genomic Solutions Inc., Ann Arbor, MI)、BioJet™分注機 (BioDot Inc., Irvine, CA) を中心に、バイオテクノロジー分野におけるインクジェット分注機の利用について概説する。

2 インクジェット分注

マニュアルによる分注操作は、主にチップ交換式のピペットを使ってチップ先端を容器に接触させるコンタクト分注である。これを単純に機械化した、ピペッターと呼ばれる分注機は広く使

---

* Norio Hasegawa ニッポンテクノクラスタ㈱ 応用技術部 プロテオミクス／HTSグループ 主任

われている。しかし，分注の高速化，微量化が進むと試料を吐出するインクジェット方式による非接触（ノンコンタクト）分注が採用されるようになる。もちろん，用途により接触型のピペッターが使われなくなることはないのだが，インクジェット方式の分注機が使われる場面は，最近，急速に増えた。

バイオテクノロジー分野で使われるインクジェット分注機が採用する機構は，大きく分けて2つある。ピエゾ圧電素子を使ったものと，マイクロソレノイドバルブを使ったものである。熱を嫌う生物試料の分注にはサーマル方式は向かない。ピエゾ方式はピコリットルスケールの微量分注が可能な反面，粘度の高い試料の分注に弱いと一般的にいわれている。一方マイクロソレノイドバルブ方式は，多くの場合，分注量がナノリットルスケールからと，ピエゾ方式と比べるとおおきくなるが，粘度の高い試料も分注できるなど，比較的汎用性がある。さらに，マイクロソレノイドバルブ方式では，試料の吐出にガスの圧力を利用したもの，ダイヤフラムを介して試料を吐出するものなど，各社特徴のある機構を開発している。ピエゾ方式もマイクロソレノイドバルブ方式も，多くの場合，シリンジポンプと組み合わされて，分注量が制御される。

Cartesian synQUAD™ 分注機，BioJet™ 分注機（図1）はどちらも，Thomas C. Tisone 博士の発明によるマイクロソレノイドバルブを使用した機構を採用する。ステッパーモーターで駆動するシリンジポンプとソレノイドバルブの開閉が連動しており，さらにソレノイドバルブの開く時間の長さを，サンプルに合わせて分注パラメーターとしてあらかじめ設定できること，これらポンプとバルブの動きをステージの動きとシンクロさせることが大きな特徴となっている（図2）[1~3]。さらに Cartesian synQUAD™ 分注機では，試料が満たされた分注ラインに常に若干の圧力をかけることで分注精度を上げるとともに，粘度などの液性において，分注できる試料に幅を持たせている（図3）。

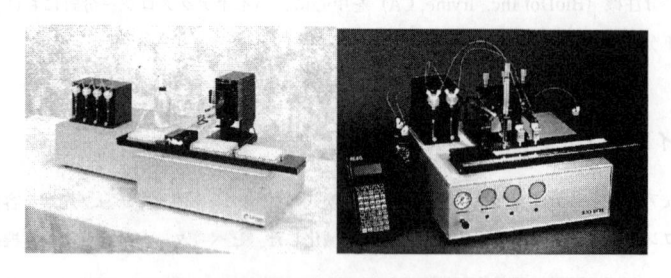

図1　Cartesian synQUAD™ 分注機（左）と BioJet™ 分注機（右）

第1章　インクジェット分注技術

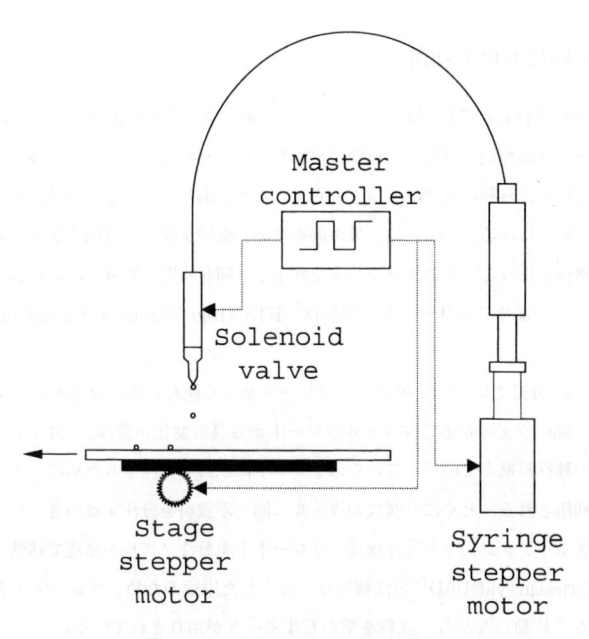

図2　synQUAD™テクノロジーの概観

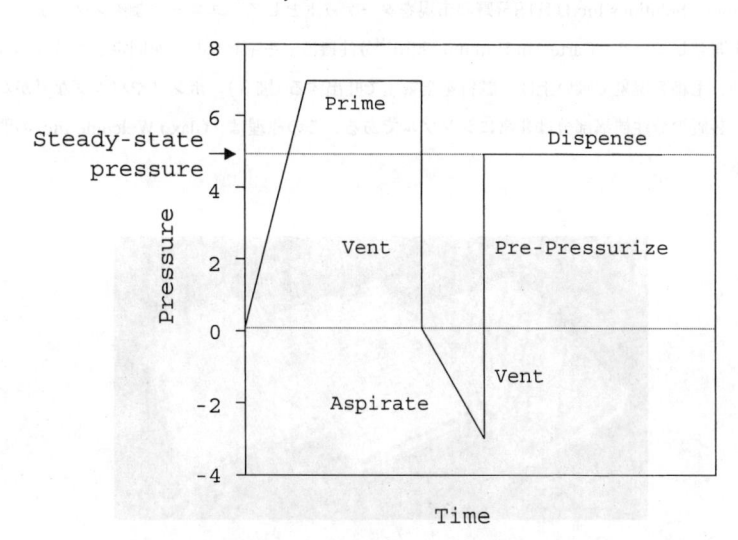

図3　Prime/Aspirate/Dispense サイクル中の圧力変化

3 HTS分野における利用

創薬分野において行われる探索(スクリーニング)実験は,数ある化合物のなかから特定の反応を示す物質を,薬の候補物質として見つけ出すために行われる。こうした実験では,製薬企業等が保有する多数の化合物ひとつひとつを,さまざまな反応についてそれが及ぼす影響を調べるため,実験数は膨大になる。そのため,分注機を含め,機械を使った自動化システムは必須である。さらに,機械を使うことでスループットを向上し,開発時間の短縮がはかられる。こうした高いスループットによるスクリーニング実験は,HTS (High Throughput Screening) と呼ばれている。

創薬などのHTS分野では,図4のようなプレートがよく使われる。反応系のスケールダウンにともなって,96のウェルがある96ウェルプレートから高密度化が進み,384ウェル,1536ウェルプレートへの移行が進んでいる。これらのプレートに試料を分注するために,インクジェット分注機はよく利用される。とくに,複数のウェルに同一の試料を分注する場合,ウェルの上から試料を吐出できるインクジェット分注機は,プレート上を分注ノズルが高速で移動できるため適している[4]。Cartesian synQUAD™分注機では,こうした用途のため,プレート上を分注ヘッドが止まることなく移動しながら,試料を撃ちだすモードが用意されている。

Genomic Solutions Inc.はHTS分野の市場をターゲットとして,ユニークなインクジェット分注機を開発している。Cartesian Hummingbird™分注機は,キャピラリーを固定した分注ヘッドを用い,毛細管現象で吸い上げた試料を空気圧で吐出する(図5)。ポンプやバルブなどがないため,装置の分注機構部分は非常にシンプルである。この原理は,Glaxo Welcome Inc.の開発による。

図4 HTS分野で使われるプレート
左から96ウェル,384ウェル,1536ウェルプレート

第1章 インクジェット分注技術

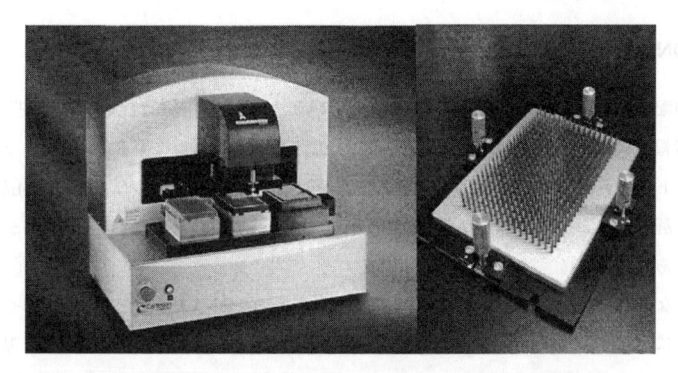

図5 Cartesian Hummingbird™ 分注機（左）と分注ヘッド（右）

図6 BioJet™ によるライン分注（左）とテストストリップ（右）

4 診断薬分野における利用

　開発の順序は逆になるが3節で述べた，ヘッドを移動しながら分注するモードで，となりあうドロップ間の距離を縮めていくと，見かけ上ラインが引ける。こうしてニトロセルロース膜などに抗体をライン状に塗布したものは，妊娠検査薬に代表される，テストストリップと呼ばれる免疫反応を利用した体外診断薬となる（図6）。BioJet™ 分注機は，この用途に特化した分注機である。

5　DNAチップ・プロテインチップ製造分野における利用

　生物の配偶子に含まれる遺伝子全体をゲノムという。そして遺伝子はDNAの塩基配列によってその情報が保存されている。ヒトの全てのDNA塩基配列を明らかにするというヒトゲノムプロジェクトが終了し、遺伝子に関する大量の情報が得られたことで、一度に多数の標的遺伝子を網羅的に解析することが可能になった。そのためのツールとして一気に注目されたのが、DNAアレイである（図7）。

　ガラスなどの基板上にDNAをスポットし固定化したものをDNAチップと呼ぶが、とくにDNAを格子状に高密度にスポットしたものをDNAアレイと呼んでいる。アレイ製造には、基板上でDNAを化学合成する方法と、DNAを基板上にプリントする方法がある。プリント方法としては、DNA溶液に浸したピンを基板に接触させてプリントするピンアレイ方式が以前から使われているが、ピンが接触することで基板を傷めることを嫌う場合などに、ノンコンタクト分注のインクジェット分注機が用いられる。また、一般的にはピンアレイよりも、インクジェット分注のほうが定量性に優れているといわれている。

　基板上の電気回路の電極にDNAあるいは酵素、抗体などの蛋白質を固定化すると、これら生体分子による反応を電気的に検出することができる。バイオセンサーと呼ばれるデバイスの一種であるが、これらの製造にも、電極へのダメージを避けるためノンコンタクトのインクジェット分注機が好まれる。

　DNAアレイを使った実験では、最終的にCCDカメラなどでスポットの画像を取り込んで解析する。その際、精度の良いデータを得るために、分注されたスポットはきれいな円形であること、

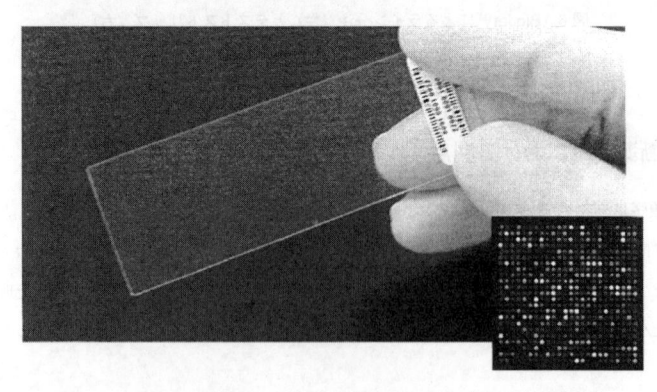

図7　DNAアレイチップとその解析画像（左下）

第 1 章　インクジェット分注技術

小さな跳びはねもないことが要求される。スポット状態は湿度など周囲の環境や，基板の材質，試料の液性など実験条件に左右される。その都度異なる条件に対応するため，分注機は圧力の調節など吐出条件の微妙な変更ができると良い。

　プロテインチップは，蛋白質がDNAよりも非常に壊れやすく，性質も種類によってひとつひとつに大きな違いがあるため，DNAチップに比べて開発が遅れている。それでも，抗体など比較的安定な蛋白質についてプロテインチップ，プロテインアレイが開発されている[5]。とくに，HTSの節で紹介した96ウェルプレートのウェルの底に，アレイを作成するアプリケーションが開発されているが[6]，ピンやチップの物理的な干渉などを考えれば，分注ノズルを完全にウェル底におろす必要がないインクジェット分注が有利である。また，標的の蛋白質が細胞内でどれだけ合成されているかを調べるプロテインアレイによる発現解析実験では，スポットの定量性が求められるので，インクジェット分注が適している。

6　おわりに

　バイオテクノロジー分野の多くの局面において，近年，ハイスループット，微量化，網羅的解析がキーワードになっている。そのどれにも対応できるものとして，インクジェットによるノンコンタクト分注機の需要は高まっている。この分野においては，微量といってもピコリットル〜ナノリットルスケール，高精度といってもCV値で数％であるし，高粘度の試料といってもせいぜい数十cpsである。他の工業分野においては，非常に粘度の高い試料の分注が可能，あるいはCV値0.05％などの精度で分注可能な装置も存在するようである。しかしバイオテクノロジー分野では，一研究室の予算で購入できる価格で，実験途中に簡単な前準備で手軽に利用できる，複数の実験に対して，ソフトウェア上の入力などで簡単に分注量などの変更ができる，さまざまな実験試料の分注に対応できる，そのとき，とくに調整無しでも精度が確保されているといった，汎用の実験機としての使い易さが求められ，さらに壊れやすい生体試料を対象とするため，分注機構は非常にマイルドなものでなければならない。これらの要求に応えるため，各社特徴ある装置を開発している。

　最近では，細胞などの固形物が浮遊した試料や有機溶媒を分注したいというニーズも増えている。これらの試料は，通常使われているマイクロソレノイドバルブにとって非常に厳しい条件であり，また細胞などは，バルブの作動によって物理的にダメージを受けてしまう可能性もある。使用条件，分注試料が一定ではない実験現場で，常に一定の性能を保ちつつ汎用性を確保することが，この分野で使われる分注機が抱える最も大きな課題ではないだろうか。

文　献

1) BioDot Inc. (Tisone, T. C.) 1998. US Patent 5738728
2) BioDot Inc. (Tisone, T. C.) 1998. US Patent 5741554
3) BioDot Inc. (Tisone, T. C.) 1998. US Patent 5743960
4) Rose, D. 1999. Microdispensing technologies in drug discovery. *DDT*, **4** (9), 411-419
5) MacBeath, G. 2002. Protein microarrays and proteomics. *Nature Genetics*, **32**, s526-s532
6) Mendoza, L. G. *et al.* 1999. High-throughput microarray-based enzyme-linked immunosorbent assay (ELISA). *BioTechniques*, **27**, 778-788

第2章　高精細導電回路形成

小口寿彦*

1　高精細回路形成技術の現状

　絶縁基板上に貼り付けた銅箔にフォトレジスト膜を塗布して配線パターンを露光・現像後，銅箔をエッチングして配線部のみを残す導電回路がプリント配線板と呼ばれ，エレクトロニクス部品に応用されるようになってからすでに50年近くが経過している。プリント配線板はエレクトロニクス部品の軽薄短小化とともに年々高精細化が進み，現在では線幅50μm程度のものが作製されるに至っている。基質も板からフィルムまで多様化してフレキシブルプリント板が作製されるようになってきただけでなく，絶縁層を重ねてその上に新たな回路を形成する多層化技術が進み，最近では銅箔を銅めっき膜に変えてビルトアップ配線回路が形成されるに至っている。
　従来のプリント配線板におけるプリント工程は，「感光性レジスト膜へのパターンの焼付け工程」を意味していたが，高精細導電回路形成においては，「印刷（プリンティング）によるパターン形成工程」に変わってきている。
　基板上にシルクスクリーンを用いて導電ペーストを印刷し，得られた配線パターンを焼成して導電回路を形成するスクリーン印刷法は，電極などへの応用とともにすでに実用域に達している。しかしながらスクリーン印刷で再現できる線幅はせいぜい50μm程度であり，近い将来実用化が期待されるフレキシブルディスプレイ用駆動回路への応用のように，線幅が数μm～サブμmの高精細回路形成には新しい技術が必要になってくるであろう。
　以下では，今後の新しい高精細導電回路形成法として注目されている，電子写真法，インクジェット法，ナノインプリント法などの現状を概観し，将来の応用に向けての進捗状況を眺めて見たい。

2　高精細技術の分類

　通常のプリント配線基板の作製はレジスト膜塗布⇒露光⇒現像の工程からなるパターン形成工程と，エッチング⇒水洗⇒乾燥などの導電回路形成工程とからなっており，パターン形

---

*　Toshihiko Oguchi　森村ケミカル㈱　技術部　技術統括

成工程および導電回路形成工程のそれぞれは複数の工程から成り立っている。今後開発されるであろう高精細導電回路の形成工程においても結局は同様に複数の工程が必要になると考えられる。たとえば、インクジェット法や電子写真法においても、回路パターンの直接形成が可能であるものの、パターンを導電化するためには焼成工程やめっき工程などが必要になるであろう。こう考えると、これらの素工程を組み合わせた数の高精細導電回路形成法が存在するはずで、最近提案されている高精細導電回路形成には、複数のパターン形成工程と複数の導電化工程とを組み合わせた多くの方法が提案されている。

以下では話を簡単にするために、回路パターン形成工程による分類で話を進め、それぞれの導電化工程でどのようなものが提案されているかを述べる。

3 各種の高精細導電回路形成

3.1 電子写真法

Kyddらは、表面改質された粒径50nmの銀粒子を絶縁性液体中に分散させて、これに静電潜像を有するポリマー基板を浸漬する湿式現像法[1]により、図1に示すような線幅100μm、線間50μm銀粒子の高精細パターンを得ている[2]。銀粒子パターンは約1.5μmの厚みを有しており、ガラス上に転写することができる。得られたパターンを400℃で焼成すると、体積固有抵抗率が1.7μΩ-cmと銀そのものに近い導電率を有する回路パターンが得られる。ポリマーフィルム上へ

図1 ポリマー基板上に作製された銀粒子のパターン[2]
線幅:100μm、線間:50μm

第2章 高精細導電回路形成

の転写画像は崩れやすく,また,高温化での焼成が難しいなどの問題点を有してはいるが,ガラス基板上には,半田リフローに耐え得る,線幅40μmのシャープな高精細画像が得られることが確認されている。

Aokiらは銅微粒子を含む乾式トナーを用いて,図2に示すようなプロセスでの多層プリント基板の作製プロセスを提案している[3]。乾式2成分現像方式のプリンターを用いて描画された回路パターンは,パターン中に含まれる銅の微粒子が次の無電解めっきプロセスでめっき核として作用して,導電パターンに変えることができる。絶縁層の形成には,樹脂成分のみの絶縁層形成用トナーを用いる。このプロセスを繰り返すことにより多層プリント基板を得ることができる。トナーには半導体製品の封止樹脂として用いられている熱硬化性のクレゾールノボラック型エポキシ樹脂を用い,この中に無電解銅めっきの核となる銅微粒子が分散されている。この方式では,線幅120μm,線間200～300μmの導電回路パターンが形成されており,厚さ約5μmの無電解銅めっき層パターンで,3～4mΩ/□のシート抵抗値が得られ,高温バイアス試験をはじめとする各種の配線信頼性試験も行われており,半導体チップを搭載したときの接続・破壊試験でも良好な結果が得られている。

電子写真法による高精細導電回路では,基板への接着性が確保された状態で高い導電性を得ようとすると,樹脂バインダーを除去するに充分な高温下での焼成プロセスか,熱融解により定着したパターン上へのめっき膜の形成プロセスのいずれかが必要である。

トナーには,①金属微粒子を含有させるか,熱分解により金属が析出するような物質あるいはめっきプロセスで触媒活性を示す物質を含有していること,②静電像を現像するため所望の帯電特性を有していること,などが必要である。湿式現像用トナーを用いる場合は,線幅20～30μm

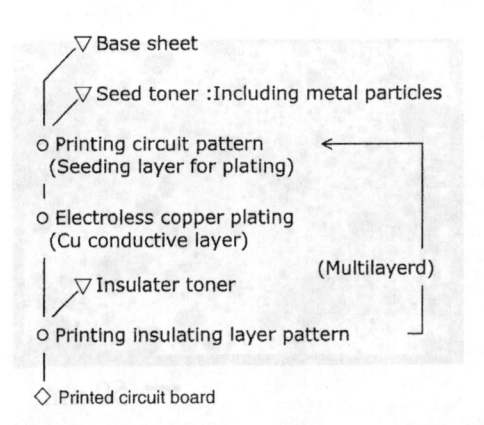

図2 銅微粉含有トナーおよび樹脂トナーによる多層プリント回路の形成プロセス[3]

程度の高精細回路パターンを得ることが可能である。

3.2 Electrophoretic Deposition 法（EPD 法）

Tassel らは EPD 法と呼ばれる高精細導電回路形成法を提案している[4]。この方法では，電子ビームによるリソグラフィーなどで作製された線幅5μm～10μm，厚み40nmの白金パターンを有する基板を，300nmの銀・パラジウム粒子の分散した液中に浸漬し，パターンと対抗電極との間に電圧をかけて銀・パラジウム粒子をパターン上に電着させる。得られた電着粒子層上にセラミックテープ（DuPont 951 LTCC particulate tape）を重ね70℃にて200Mpaの圧力を印加して，セラミックテープ上に電着粒子層を転写させた導電パターンを得ている。

3.3 インクジェット法

小口らは，図3に示すような平均粒径20nmの銀ナノ粒子分散液[5]を用いてインクジェットインク (I-J ink) を作製し，インクジェット法により，絶縁性フィルムや絶縁性基板上に直接回路パターンを形成することを試みている[6]。

図4には市販のインクジェットプリンター（解像力：4800dpi（横）×1200dpi（縦））で描画した細線画像を示す。20～30μmの細線描画が実現できていることがわかる。銀含有率15wt%で作製したインクジェット用のインクは表面張力，粘度を市販のインクジェットインクと同じ値に調整することが可能である。インクの分散安定性および吐出特性は非常に安定であり，サーマルヘッドで印字した場合にも発熱部への焼き付きなどの問題を生じない。回路パターンはアルミナなどの各種セラミックス基板，ガラス基板，ガラスエポキシ樹脂基板をはじめとしてポリエス

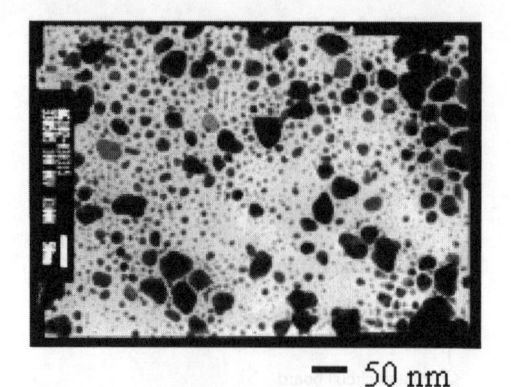

図3 銀のナノ粒子分散液[5]

第2章　高精細導電回路形成

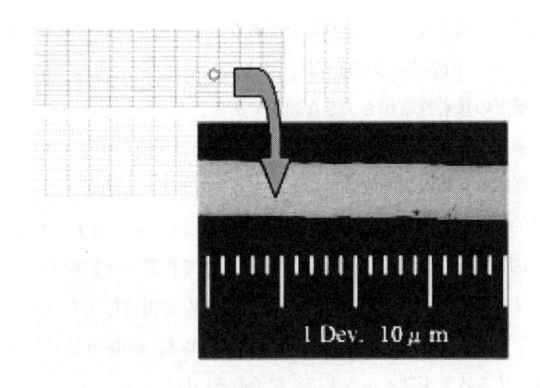

図4　インクジェットプリンターで描画された銀粒子パターン

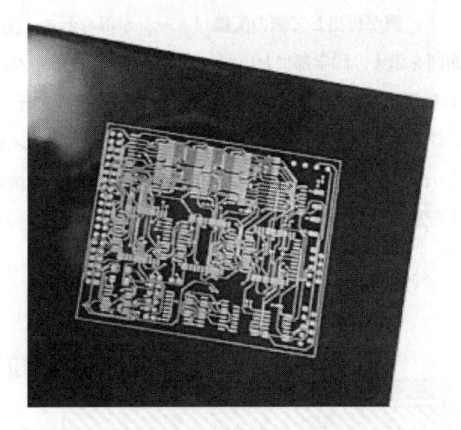

図5　ポリアミドフィルム上に作製された銀粒子による回路パターン

テルフィルム，ポリイミドフィルム，など，あらゆる基質に印字することが可能である。図5にはポリイミドフィルム上に形成された回路パターンの例を示す。

得られたパターンを120℃～150℃の雰囲気下に30分程度保存した後の銀粒子層は，$10^{-5}\Omega\cdot$cm台の抵抗率を示す。この導電性は銀粒子層を形成しているナノサイズの銀粒子が銀の融点よりはるかに低い温度で相互に融着するためと考えられている。

しかしながら粒子サイズがある大きさに達すると，融着はこれ以上進行しないため，銀粒子層内にはマイクロボイドが存在した状態となっており，焼成温度を300℃まで上げても$10^{-6}\Omega\cdot$cm台の固有抵抗率を得ることができない。インクジェットで形成された回路パターンのもう一つの問題点は1回の印字操作で形成される銀粒子層の厚みが0.2～0.3μmと非常に薄いので，細線

にするほど線の抵抗値が高くなってしまうことである。印字層を何層か重ねて抵抗値を下げることも試みられているが，細線描画の精度が低下するので好ましくない。

銀粒子層と基質層との接着性確保も大きな問題である。セラミックス基板やガラスエポキシ基板のように表面に細孔を有する基質では問題ないが，表面の平滑なプラスチックフィルムでは銀粒子層の接着性を高めるための表面改質が必要となる。しかし，現在のところプラスチックフィルムの表面を化学的に改質して十分な接着性が得られる技術は確立されていない。

最近菅波らは，図6に示すように，インクジェット法で作製した銀粒子の回路パターン上に銅めっき膜を形成することを試み，導電性，接着性などの実用特性をカバーした導電性回路パターンを得ている[7, 8]。この方式は（PIJ法：Plating on Ink Jet pattern 法）と呼び，先ず，表面に細孔層を有するポリエステルフィルム上に銀粒子あるいはパラジウム粒子インクによる回路パターンを印字し，120～150℃で10分保持したのち，得られたパターンを銅の無電解めっき浴中に浸漬するとパターン上に銅が析出して銅の配線パターンが得られる。図7にはPIJ法によって得られた配線部の断面図を示す。印字部において，ポリエステルフィルムの細孔に浸透した銀粒子あるいはパラジウム粒子を核として細孔は銅めっき層で埋め尽くされ，最終的に印字部が銅めっき層で覆われる。この結果細孔内から成長した銅めっき層はそのアンカー効果により接着性が確保される。厚さ$5\mu m$以上の銅めっき層が形成されたパターンの抵抗率は$10^{-6}\Omega\cdot cm$オーダーとなり，プリント配線回路基板やRFIDアンテナとして機能することが確認されている。パ

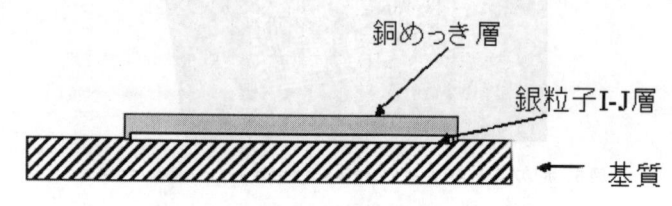

図6 PIJ法による高精細導電回路パターンの作製

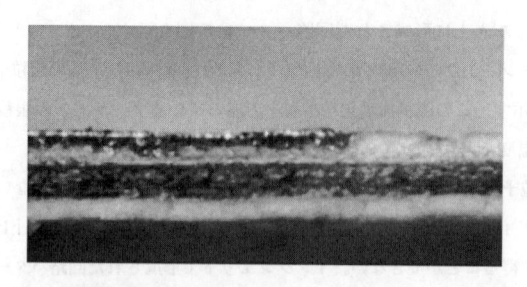

図7 多孔層をもつポリエチレンフィルムへのPIJパターンの断面

第2章 高精細導電回路形成

ラジウム粒子を用いた場合,初期の銅の析出速度は銀粒子を用いたものに比較して数十倍にも達するだけでなく,パラジウム粒子の濃度が0.1wt%程度のインクでも,銀粒子を15wt%含むインクを用いたものと同程度の銅の析出速度が得られる。パラジウム粒子インクを用いた場合,無電解めっきがある程度進んだ段階で,電解めっきに切り替えるとめっきプロセスに要する時間が10〜15分に短縮できることが確認されている。

PIJ プロセスによる配線パターン形成は,塩化パラジウム触媒を用いて行うこともできる。Yangらはガラス,FR-4あるいはPETフィルムの上にポリアリルアミン塩酸塩(PAH)膜を塗布し,その上に塩化パラジウム酸ナトリウムを含むインクジェットインクで配線パターンを印字し,得られたパターン上に銅あるいはニッケルを無電解めっきすることにより接着性,導電性ともに実用に耐える配線パターンを得ている[9,10]。

3.4 レーザーによるパターニング

レーザー光を用いて高精細配線パターンを作製するには,たとえばレーザー光の照射部と非照射部で接触角が著しく変わるよう塗膜の利用,レーザー光の照射によりめっき核が析出するような塗膜の利用,あるいはレーザーアブレーションによる基板表面の刻印パターン形成,など非常に多くの方法が考えられる。Oguchiらは,エキシマレーザーでプラスチックスフィルムの表面に刻印した溝に銀ナノ粒子を含むインクを充填し,この上に銅めっきを施すPFS法 (Plating on Fill and Squeeze法) を提案している[8]。図8はポリエーテルスルホンフィルムの表面に,線幅15μm,線間300μm,深さ10μmのチェックパターンを刻印して作製したPFSパターンを示す。PFSパターンでは,あたかも銅線によるメッシュがフィルムの表面に埋め込まれたような状態が実現できており,電子写真法やインクジェット法で得られるパターンと比較すると高いパターン精度,高導電率,高接着強度が実現できる。また,数μm程度の線幅で,線幅より深い溝を作製して,得られた溝一杯に銅を充填することができるので,電流容量の大きな細線形成も可能である。

PETフィルムのようなUV光を吸収しないフィルムの表面に,厚みが一定のUV吸収層を塗布した基質を用いると,レーザー光照射でUV吸収層のみがアブレーション作用を受けて,層厚に相当する深さを有する刻印パターンが効率良く形成できる。この場合の刻印速度としては,図8のような密な細線パターンでも 1 m^2/分程度が可能とされており,線密度が低いRFIDなどの配線パターンの場合にはさらに高速のパターン形成速度が実現できる。

図8で示したパターンは可視光波長領域で80%以上の光透過率を示し,優れた電磁波遮蔽特性を示すので,携帯電話,プラズマディスプレイなどのパネルに貼りつけて透明導電膜として用いることができる。

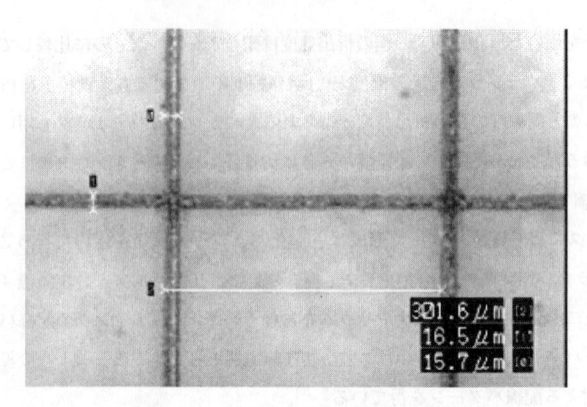

図8 PFS法による電磁波遮蔽膜パターン

4 将来展望

今回述べてきた高精細導電回路形成法は,線幅数μmまでのものを対象としている。しかしこれらのいくつかは,プリンタブルな有機半導体回路の形成に向けて,最近話題となっているナノプリント・ナノインプリント技術[11]にも応用できる可能性があると考えられ,今後さらに新しいプロセスが開発されるものと期待している。

文　献

1) Schmidt. S. P. *et al*., Handbook of Imaging Materials, A. S. Diamond Ed. Marcel Dekker, NY, Chapter 6 (1990)
2) P. H. Kydd *et al.*, IS & T's NIP 14：International Conf. on Digital Printing Technologies. p. 222 (1998)
3) H. Aoki *et al.*, IS & T's NIP 20：International Conf. on Digital Printing Technologies. p. 241 (2004)
4) J. J. Von Tassel *et al.*, IS & T's NIP 20：International Conf. on Digital Printing Technologies. p. 246 (2004)
5) 小林敏勝, 色材, **75**, 66 (2002)
6) T. Oguchi *et al.*, IS & T's NIP 19：International Conf. on Digital Printing Technologies. p. 656 (2003)
7) 菅波敬喜ほか, Japan Hardcopy 2004 論文集, p.105 (2004)

8) T. Oguchi *et al.*, IS & T's NIP 20：International Conf. on Digital Printing Technologies. p. 291 (2004)
9) M-H. Yang *et al.*, IS & T's NIP 20：International Conf. on Digital Printing Technologies. p. 256 (2004)
10) Wanda W. W. Chiu *et al.*, IS & T's NIP 20：International Conf. on Digital Printing Technologies. p. 261 (2004)
11) 藤平正道, 日本印刷学会誌, **41**, 261 (2004)

【 材料・ケミカルスと記録媒体編 】

第1章 インクジェットインク

田中正夫*

1 はじめに

ビジネスにおけるIT化の進展やインターネットの普及により、ディスプレイ上のカラー画像を出力する機会が増加しており、フルカラープリンタ市場が急速な拡大を示している。インクジェット方式プリンタでは写真画質が当然のようになっており、パーソナル、オフィス、商業印刷の各分野で広く用いられている。

インクジェット方式の印刷品質を決定する単位要素は、ヘッド、レセプタ、インク、アルゴリズム等であるが、色彩、光沢等にはインクが最も大きな影響を及ぼす。より高画質を目指してインクの改良が進められているが、最近の開発動向を特徴づけるものの一つとして色材の染料から顔料への移行が挙げられる。

2 インクジェット用染料とその課題

インクジェット用色材としては従来染料が用いられてきた。染料とは色素の中で媒体や着色対象に可溶なものをいい、不溶なものは顔料と呼ばれる。インクジェット用染料として直接染料や酸性染料等が用いられているが、媒体に可溶であることに由来する様々な課題があり、インクジェット用途に適性の改良が進められている。

アメリカ画像学会のノンインパクト印刷技術部会NIPには"Image Permanence"というセッションが設けられており、画像の耐久性に関連した研究発表が行われている。2000年に創設されて以来、常に十数件の発表があり、画像耐久性の改良が重要な課題として活発に研究が続けられていることを示している。当初は耐光性とマイグレーションが主要な対象であったが、最近ではこれに耐オゾン性が加わっている。

耐光性改良を目的に酸化防止剤、紫外線吸収剤、光安定化剤等の添加が検討されているが、満足のいく水準には到達できていない。光退色の原因である光酸化反応、光還元反応、光触媒作用を同時に抑制できる添加剤は見出されない、との研究報告もあり、そこでは光退色を抑える最も

---

* Masao Tanaka 大日本インキ化学工業㈱ 顔料技術本部 本部長

有効な手段は染料分子を凝集させることである，と結論している[1]。

最近の特許や文献に現れた耐光性改良を謳った染料の構造を検証すると，水素結合を利用して分子間相互作用を強めようとの設計思想が伺える。水溶性を付与する置換基を工夫することでインク中では十分な溶解性を確保すると同時に，レセプタ表面で水分が除去された後には分子間水素結合により染料分子を凝集させ，耐光性，耐水性を高めることを意図していると思われる。このような分子構造の設計により染料の耐光性は大幅に改良されてきてはいるが，顔料には遠く及ばず，さらなる向上が求められている。

3 インクジェット用色材としての顔料

3.1 顔料の一般的特徴と課題

顔料では色素分子は凝集して粒子を形成している。粒子を形成すると同一化学構造であっても環境が異なる分子が存在するため，吸収スペクトルがブロード化し，発色の鮮明性が低下する。また，粒子性に起因する散乱光，反射光が発生することによっても，不透明で不鮮明な発色となる。粒子内部の色素分子は発色には関与しないため，染料と比べると添加量の割に低い着色力しか示さない。しかし，粒子内部の色素分子は隠蔽性という顔料特有の機能発現に寄与しており，この特性によって顔料は下地が白くなくても比較的良好な色相を示す。顔料では粒子表面の色素分子が光化学反応等により破壊されたとしても，その下部に新たな色素分子層があるので，見かけ上着色力が低下せず，優れた耐光性，耐候性を発揮する。

顔料は粒子として媒体中に分散した状態で着色に関与しており，安定な分散体を形成しなければ着色の用をなさない。したがって，分散性，分散安定性の付与が顔料を使用する上で最も重要な課題である。また顔料の価格は一部の独占的顔料を除けば数百円から数千円の範囲にあり，安価な分散性付与手段が開発できればコスト的にも染料より有利になる。

3.2 インクジェット用顔料の課題

インクジェットに顔料が使われるようになったのはカーボンが最初である。分散安定性を付与するため表面酸化等の処理をした自己分散型カーボン等が用いられている。染料に比べて発色性がよく，耐水性も比較的よいが，定着性がないため耐擦過性に劣ることが課題である。

シアンにはほとんどの場合β型銅フタロシアニンが用いられている。安価で耐久性に優れた顔料であるが，シアン色としては赤味が強すぎ，ブロンズが出やすい点が課題といえる。

マゼンタではジメチルキナクリドン（R-122）が主であるが，無置換キナクリドン（V-19）を用いる場合もある。やや着色力に劣ること，比較的高価であることが課題である。

第1章 インクジェットインク

　イエローには,最初は染料インクに対抗するため発色濃度を優先してY-74が用いられていたが,屋外用途には耐光性が不十分であった。耐光性優先の立場から一時期Y-128へのシフトがみられたが,発色濃度が低すぎるため,最近では再びY-74へ回帰している。イエローとして種々の顔料が評価され,改良が試みられているが,未だ耐光性と発色濃度をともに満足する決定版的黄色顔料は現れていない。顔料の中で最も短波長の光を吸収する黄色顔料にとって発色濃度(量子収率)と耐光性(光化学反応性)の両立は難しい課題であって,励起状態の緩和過程まで考慮に入れた材料設計が必要である。

　分散安定性に関してジェットインクでは非常に高いレベルが要求され,年単位で凝集・沈降しない分散安定性を付与する手法の開発が必要である。

　印刷画質に関しては色相鮮明化と光沢の改善が望まれており,染料の発色,さらには銀塩写真の発色と光沢が目標となっている。光学的に粒子性の影響をなくすには分散粒子径を可視光波長の十分の一以下にする必要があり,およそ30nmが目標となる。これは現在市販されているもっとも細かい顔料の一次粒子のレベルである。一般に顔料の一次粒子は細かいほど凝集力が強くなり,分散させることが困難となるため,微細で分散性の良い顔料の開発,あるいは微細な顔料を安定に分散させる手法の開発が重要な課題である。

　染料インクで印刷した場合には染料はレセプタに完全に浸透し,印刷表面はレセプタの表面状態が維持されるため(図1),色やインクの打ち込み量によらず概ね均一な光沢を示す。

　顔料インクの場合には顔料がレセプタ表面に残るため,用いた顔料の粒子径や打ち込み量によって印刷面の状態が変化し,光沢が変化する。図2は自己分散型カーボンを用いたインクによる印刷面である。表面粗さ計による測定から,印刷表面がきわめて凹凸の多い,粗い状態となっていることが示され,SEM(走査型電子顕微鏡)観察から表面が多数のリング状構造からなっていることが判明した。粒子を懸濁させた液滴を濾紙のような吸水性の平面上に滴下した場

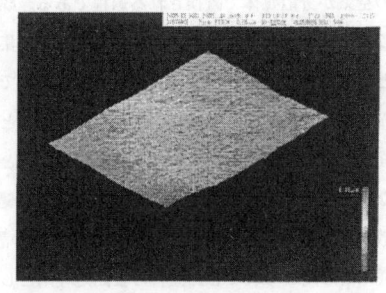

図1　染料インクによる印刷面(左:SEM像　右:表面粗さ計像)

165

最新プリンター応用技術

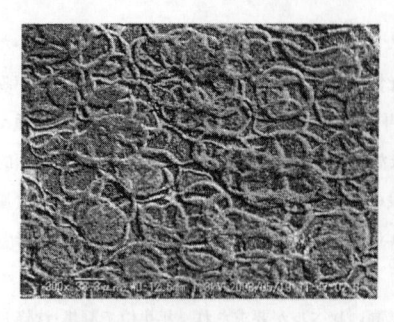

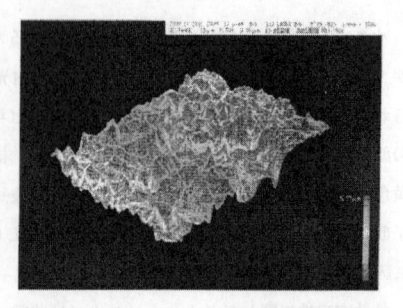

図2　自己分散型カーボンインクによる印刷面（左：SEM像　右：表面粗さ計像）

合，慣性力によって粒子が液滴外周部に集まる現象が見られるが，このリング状構造も同様の原理によるものと思われる。

　顔料インクの場合，いかに平滑な印刷表面を形成するかが光沢改善の上で重要な課題である。後述する顔料を樹脂でマイクロカプセル化する手法を応用することによって顕著な改良が認められる。インク設計の側からは顔料分を下げ，さらに赤，青の二次色に特色を採用してインク打ち込み量を抑えることで印刷部の光沢改良，光沢むらの低減を図り，有色顔料を含まないインクを用いることで印刷部と非印刷部の光沢差を軽減させている例が見られる。

4　顔料のマイクロカプセル化とインクジェットへの応用

4.1　顔料表面修飾技術としてのマイクロカプセル化

　上述したように，顔料をインクジェットに用いるには分散が最初にクリアしなければならない課題である。粉体顔料の分散は，濡れ，解砕，安定化の三つの素過程からなる。濡れとは粒子表面の空気が分散媒体で置換される過程である。媒体と接触すると粒子表面で分子配列の再配置が起こり，凝集体がほぐれ始める。したがって凝集粒子界面の細かい部分にまで媒体が浸透できるほど，凝集体はほぐれやすい。次いで解砕過程で機械的力により凝集体がほぐされた後，分散粒子の再凝集が抑制されるメカニズムが機能すると分散体は安定化する。顔料粒子の場合には粒子表面に吸着した樹脂の立体障害が支配的な要因とされており，顔料表面と樹脂との相互作用が重要な役割を演じる。即ち，濡れおよび安定化の過程において顔料の表面状態が強く関っており，分散性，分散安定性の改良には顔料表面状態の設計がきわめて重要である。

　従来から用いられてきた顔料の表面処理剤としては，シナージスト（顔料誘導体），ロジン，脂肪酸，界面活性剤等の低分子化合物，アクリル樹脂，スチレン―マレイン酸樹脂等の高分子化合

第1章 インクジェットインク

物,等種々の物質が知られているが,顔料に対する要求が高まるにつれて,これら従来からの表面処理技術では満足すべき性能に到達できないケースが目立つようになってきた。そこで我々は新しい顔料表面処理技術として,顔料粒子を樹脂で被覆するマイクロカプセル化手法の開発に取り組み,自己水分散性樹脂で顔料粒子表面を被覆した顔料の水性分散体が高度の分散性と分散安定性を示すことを見出した。

4.2 マイクロカプセル化の手法

マイクロカプセル化の手法は数多く知られているが,固体粒子を工業的規模でマイクロカプセル化できる手法としては表面重合法,表面堆積法,混練微細化法,合体法が挙げられる。

表面重合法は顔料粒子表面にモノマー又はオリゴマーを吸着させたのち重合させる方法であり,表面堆積法は樹脂溶液に顔料を分散させたのち,何らかの方法で樹脂を媒体に不溶化し,顔料粒子を析出核として機能させることにより顔料粒子の表面に樹脂を堆積させる方法[2]である。樹脂を不溶化する方法としては貧溶媒による希釈,酸やアルカリに可溶な樹脂の溶液のpHを変化させること等がある。混練微細化法は顔料を樹脂と混練,分散して樹脂着色組成物を作成し,次いで湿式で微細化する方法[3]であり,合体法は樹脂エマルションと分散剤による顔料分散体を別途調製し,これを機械的に合体させる方法[4]である。自己水分散性樹脂はこれらいずれの方法にも用いることができ,これらの手法の組み合わせにより所望の分散体適性の発現が図れる。図3に表面堆積法で調製したマイクロカプセル化フタロシアニンブルー顔料のTEM写真を示す。

左の写真では2個の一次粒子からなる凝集体の周囲を約20nmの厚みで樹脂が取り囲んでいる。すべての樹脂が被覆に使われていると仮定すると樹脂層の厚みは約10nmとなる計算であるので,実際は水で膨潤した状態になっていると考えられる。モノマー組成を変えた樹脂を用いた右の写真では数個の一次粒子からなる凝集体の表面に樹脂が約10nmの粒子となって付着している。

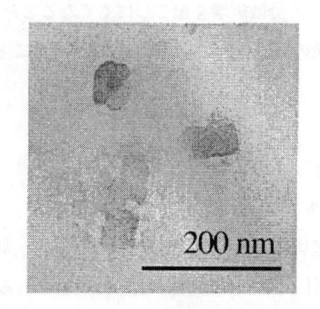

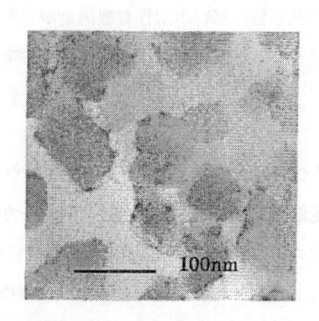

図3 マイクロカプセル化顔料のTEM像

4.3 マイクロカプセル化顔料の特徴
4.3.1 分散性，分散安定性

マイクロカプセル化顔料の特徴の一つが優れた分散性と分散安定性である。表1にいくつかのマイクロカプセル化顔料分散体の促進貯蔵試験における平均分散粒径の変化を示した。

カーボンブラックやフタロシアニンブルーでは100nm以下の分散粒径を達成し，5年保存後でも分散粒径や粘度がほとんど変化していない。キナクリドンマゼンタ顔料の場合には一次粒子がやや大きいため，100nm以上の分散粒径となっているが，2年保存後も初期状態を保っている。マイクロカプセル化顔料分散体がきわめて優れた分散安定性を有することが判る。

表1 マイクロカプセル化顔料分散体の保存安定性

顔料	平均分散粒径 [nm]			粘度 [mPa·s]		
	調製直後	2年後	5年後	調製直後	2年後	5年後
カーボンブラック	88	–	82	3.5	–	3.2
フタロシアニンブルー	95	–	92	4.1	–	4.2
キナクリドンマゼンタ	122	130	–	5.5	5.4	–

4.3.2 耐溶剤性

特許の実施例に記載されたインク処方に使用されている水溶性有機溶剤に対する耐久性を評価したところ，マイクロカプセル化顔料分散体は試験した全ての水溶性有機溶剤に対して優れた耐久性を示した。それに対し，例えば市販高分子分散剤で調製した分散体が良い耐久性を示したのはエチレングリコールとN-メチルピロリドンに対してのみであった。アルコール系ではエタノールでも貯蔵によって分散粒径の増加が認められ，2-プロパノールでは顕著に分散粒径が増加した。グリコール系でもエーテル化すると耐久性が低下し，トリエチレングリコールモノブチルエーテルに対しては1桁近い分散粒径の増加が認められた。

これらの事実より，マイクロカプセル化することによって顔料と樹脂との相互作用が大きくなり，比較的疎水性の高い水溶性有機溶剤が存在しても分散破壊を起こしにくくなることが判る。その結果，インク処方に使用できる水溶性有機溶剤の種類や量に関して自由度が増すことが期待される。

4.4 マイクロカプセル化顔料を用いたインクジェットの特徴
4.4.1 定着性：耐水性，耐擦過性，耐マーカー性

マイクロカプセル化に用いられる樹脂の特性を適切に設計して製膜性を付与すると，顔料の欠点である定着性が大幅に向上し，耐水性，耐擦過性，耐マーカー性が著しく改善される。

染料を用いたインクでは水に浸漬すると滲みが発生し，文字がかなり太くなる。自己分散型

第1章　インクジェットインク

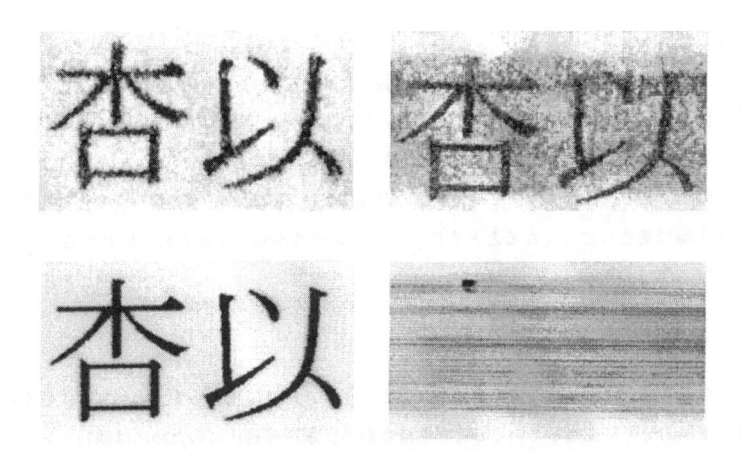

図4　耐マーカー性（上段：PPC用紙　下段：光沢紙）
（左：マイクロカプセル化カーボン　右：表面酸化型カーボン）

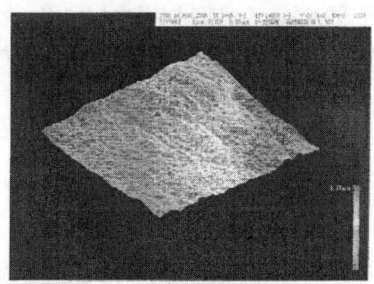

図5　マイクロカプセル化カーボンインクによる印刷面（左：SEM像　右：表面粗さ計像）

カーボンを用いたインクでは定着性がないために水への浸漬により顔料が流出して周囲を汚す。それに対しマイクロカプセル化したカーボンを用いたインクでは水に浸漬しても滲みや流出が起こらない。

　印刷物を市販の油性蛍光ペンでマーキングすると，図4上段に示すように自己分散型カーボンインクの場合には真っ黒に汚れるが，マイクロカプセル化カーボンを用いたインクでは全く汚れを生じない。表面を樹脂でコートした光沢紙を用いた場合にはこの定着性の差異がより顕著になり，図4下段に示すように，マイクロカプセル化カーボンを用いたインクの場合には印字直後に蛍光ペンでマーキングしても文字の変化がないのに対し，自己分散型カーボンを用いたインクでは1日放置後でもマーキングすると文字が完全に消えてしまう。

4.4.2 光沢：平滑性

マイクロカプセル化顔料分散体を用いて調製したインクのもう一つの特徴は画像光沢の高さである。図5に示した表面粗さ計像は図2の自己分散型カーボンの場合に比べてはるかに平滑であることを示している。SEM像からリング構造の内部が埋められ，パンケーキ状になっていることが確認できる。これはカプセル化樹脂の存在によって微視的レオロジーが変化し，顔料粒子が液滴末端に集まりにくくなるとともに，レベリング性が向上するためと思われる。

5 おわりに

インクジェット印刷はパーソナルユース，オフィスユースに止まらず，銀塩写真代替や商業印刷等，工業的分野に進出していくことが期待される。銀塩写真代替のためには顔料インクの耐光性の高さを維持しつつ，より鮮明な発色とフェロタイプ並の光沢を実現することが必要であり，商業印刷のためには印刷速度の大幅な高速化が不可欠である。高速化，高画質化は様々な要素技術のブラッシュアップにより達成されるが，少なくとも高画質化においては顔料とその分散が最も重要な要素技術であり，顔料メーカーの果たすべき役割は大きい。

文　献

1) R. Steiger, *Japan Hardcopy 1999*, **17**（1999）
2) US 5741591
3) US 6074467
4) T. Tsutsumi, *et al.*, *IS&T's NIP15*, **133**（1999）

第2章　重合トナー

上山雅文[*]

1　はじめに

オフィス用複写機として発展した電子写真技術は，現在ではファクシミリやプリンタに広く応用されている。複写機もデジタル複合機がオフィス用の主流となりつつあるので，プリンタとの区別も意味がなくなりつつある。電子写真技術における画像化の重要な工程を担うのがトナーである。トナーは，年間生産量が十数万トンに達する重要な工業となっている。このトナーの大部分は粉砕法と呼ばれる方法で生産されている。粉砕法に対比して重合法と呼ばれる生産方法がある。重合トナーは近年になって実用化が進んできたが，その起源をたどれば，電子写真技術の勃興期にさかのぼれるほど古い。しかし，本格的に研究が進展したのは1990年代であり，今世紀に入ってからは各社で搭載が本格化してきた。その理由のひとつとしては，プリンタ技術の発展によりプリンタの高性能化，高機能化が進んでおり，それに対応すべくトナーの進歩が要求されているが，このとき，従来の粉砕法に比べて重合法ではより対応能力が大きいと考えられているからである。

2　重合トナー／化学製法トナーとは

従来からの，主たるトナー製造法である粉砕法の製法の模式図を図1に示す。この方法では，出発原料はトナー用の樹脂である。トナー用樹脂は，トナーの定着性や保存性などの重要な特性を支配するので，トナー用として特別に設計された市販樹脂を用いる。この樹脂中に，着色剤や電荷制御剤，その他必要な顔料を分散させる。分散には通常混練機を用いる。混練機から取出し，顔料が分散された樹脂を冷却し，その後，機械力により粉砕する。粉砕現象は確率的要因に支配されるので，粉砕により粒子サイズを制御することはできない。よって，求める大きさの粒子を得るには分級という工程が必要となる。粉砕機を通過した粒子から必要なサイズの粒子を分離し，それ以外の大きな粒子は再び粉砕工程に回帰させ，小さな粒子は出発原料として再利用するか，廃棄することになる。

---

[*]　Masafumi Kamiyama　㈱巴川製紙所　研究開発本部　技術研究所　主席研究員

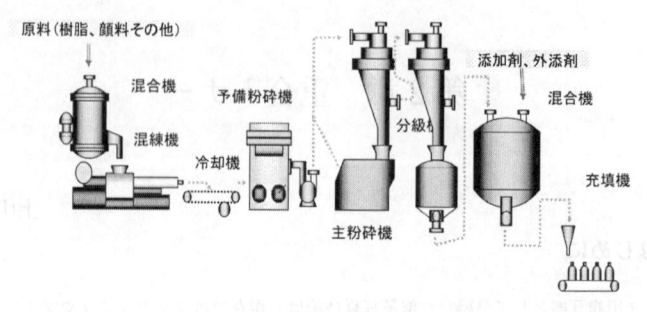

図1　粉砕トナーの製造工程

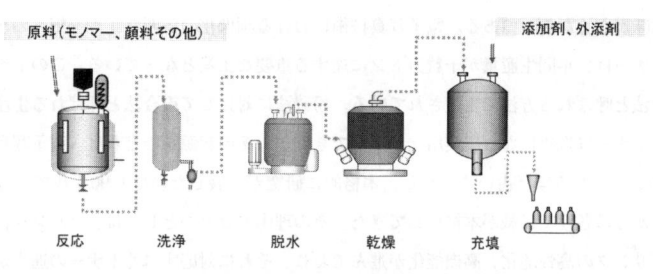

図2　重合トナーの製造工程

　重合法とは，出発原料としてモノマーを用い重合反応生成物(樹脂)が粒子として得られる重合法を用いて，直接トナー粒子を得る手法である(図2)。したがって，トナーに必要な顔料をいかに分散させるか，粒子径をどのように整えるか，樹脂特性をいかに調整するかが課題となる。重合法は粉砕法と比べると，樹脂の溶融混練，粉砕，分級という工程が不必要となるので，生産に要するエネルギーは少ない。重合トナーの製造法として懸濁重合法や乳化重合法が用いられるが，そもそも粉砕法で用いるトナー用樹脂も懸濁や乳化重合法で生産されていることを考えると，生産所要エネルギーという観点から見て，トナー製法として重合法が有利であることが容易に想像できる。

　その他に，トナー用樹脂を溶媒に溶解し，さらに顔料を分散させた溶液を出発原料としてトナーを生産する方法がある。これを化学製法トナーと呼ぶことがある(この方法を含め，重合法など粉砕法以外の方法全体を化学製法トナーと呼ぶこともある)。溶液を調整したあとは重合法同じ工程を経るので，重合法の一法としてみることもできる。

第2章 重合トナー

3 重合法／化学製法の実際

　重合生成物が粒子となる重合法はいくつか知られている。その代表的な方法は懸濁重合法と乳化重合法である。実際，現在実用化されている重合トナーは，このどちらかの方法を用いている。重合トナーの製法として応用可能と思われるその他の方法には，シード重合法，ソープフリー重合法，分散重合法などがあるが，これらは生産性，汎用性に問題があり，実用に至っていない。

　図3に，これら重合法と得られる粒子の大きさの範囲，また，そのときの粒子径分布の幅との関係を示す。懸濁重合法と乳化重合法は，樹脂の製法としても汎用されており，技術的にも熟成されているといってよいが，図3に示したように得られる粒子のサイズという観点から見ると，トナー粒子の範囲から外れてしまう。したがってトナー製法に応用するには，乳化重合ではより大きな粒子を得ること，懸濁重合ではより小さな粒子を得るための技術開発が必要であった。

　実用化されている化学製法トナーの製法として溶解懸濁法がある。この製造工程を図4に示す。

　以下に，実用化されている各法について詳述する。

3.1　懸濁重合法

　水に不溶なモノマーを水中に加えると，当然のことながらモノマー相と水相とは分離する。この系を撹拌し継続的な乱流を発生させると，モノマー相は小さな液滴となって水中に懸濁する。この状態を維持したまま系を加熱し，モノマーの重合反応を行うと，モノマーは粒子状のまま樹

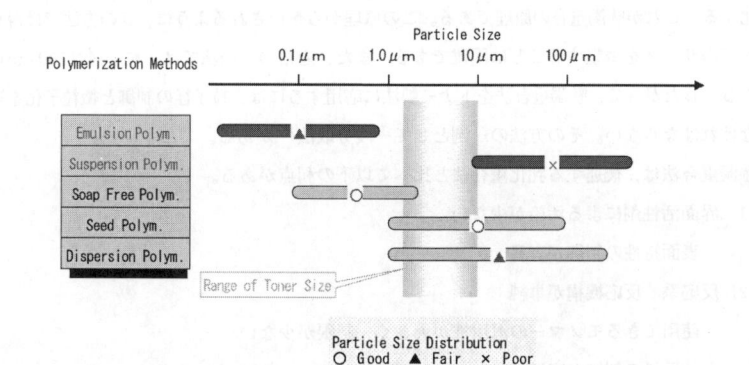

重合方法と，得られる粒子サイズの範囲，および，その粒子径分布の幅（○：狭い，×：広い）

図3　生成物が粒子となる重合方法と，得られる粒子特性との関係

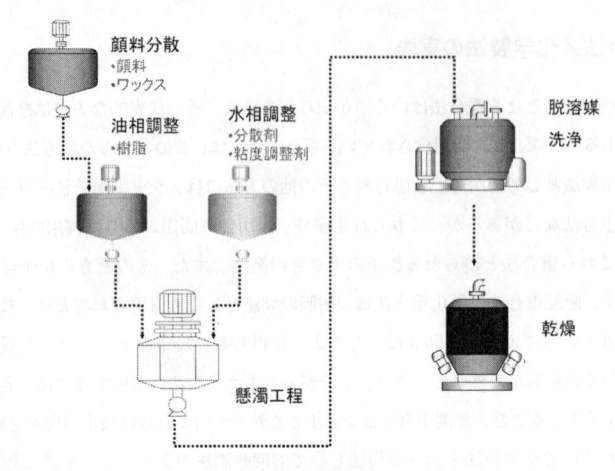

図4　溶解懸濁法

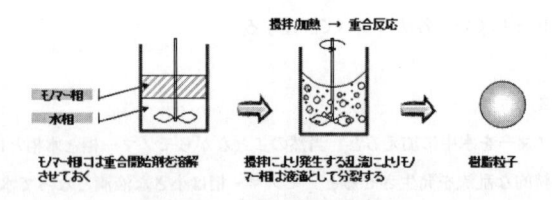

図5　懸濁重合の原理

脂化する。これが懸濁重合の原理である。この原理から想像されるように，この方法では得られる粒子のサイズを調整することは困難である。また，通常の懸濁法では，粒子径は$100\mu m$以上となる。したがって，懸濁重合法をトナー製法に応用するには，粒子径の制御と微粒子化を達成しなければならない。その方法の一例として一段分散法[1]がある。

懸濁重合法は，後述する乳化重合法と比べて以下の利点がある。
1) 界面活性剤による汚染が少ない
　　表面特性の制御が容易
2) 反応系，反応機構が単純
　　使用できるモノマーの汎用性が大きく，制限が少ない
　　分子量の制御が容易
3) 粒子中に種々の成分（顔料等）を内包させるのが容易
4) 構造化，表面修飾が容易

第2章 重合トナー

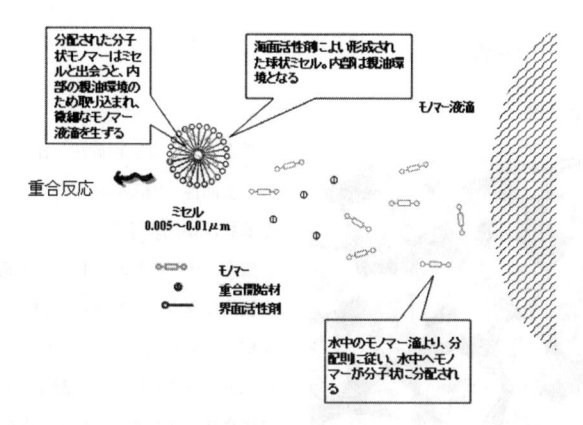

図6 乳化重合の原理

この中で，3），4）はトナーの製法に応用したとき，多くの展開が可能となり魅力的である。

3.2 乳化重合法

乳化重合法とは，界面活性剤を利用して水系媒体中で重合反応を行わしめる方法である(図6)。この方法でできる樹脂粒子の大きさはサブミクロン領域となる。ミクロンサイズであるトナーに応用するには粒子を大きくする必要があるので，粒子を凝集させることにより求めるサイズとする。凝集させたあと熱処理を加えることにより粒子同士を融着して粒子化する。

3.3 溶解懸濁法

所望の顔料を分散させた樹脂を適切な溶媒に溶解し，これを水中に懸濁させたのち溶媒を除去して粒子を得る（図7）。溶媒の使用，溶媒の除去などの問題はあるが，どんな樹脂にも応用できる利点がある。

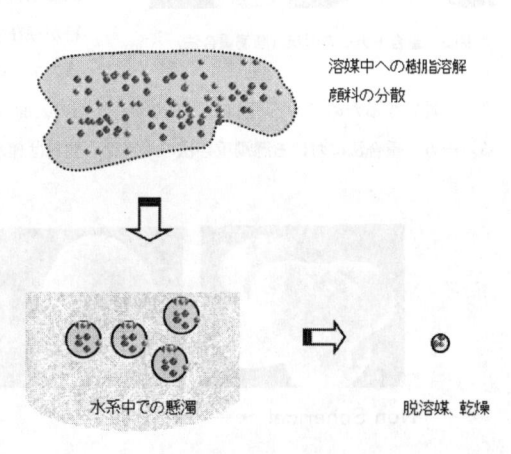

図7 溶解懸濁法

4 重合トナーの特性

4.1 形状,表面性

図8 粉砕トナーの形状

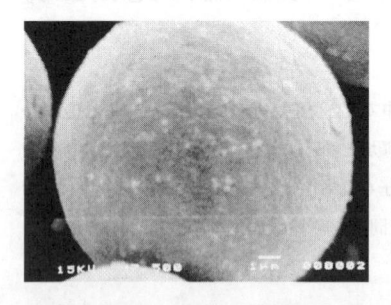

図9 重合トナーの形状(懸濁重合法)

重合トナーは,粉砕法と比較すると,その形状,表面性,内部の顔料分散状態がまったく異なる状況が出現する。

重合トナーの形状は粉砕法の形状と比べると本質的に異なる。図8に粉砕トナーの形状を示すが,いわゆる粉砕した粒子で不定形である。重合トナーにおいては,懸濁重合法では一般的には真球状(図9)となり,乳化重合凝集法では球の折り重なった形状から真球までの種々の形状となる(図10)。乳化重合凝集法では,凝集後の熱処理工程を調整することにより,このような形状制御が可能となる。

外観的な形状だけでなく,その表面特性も粉砕トナーと重合トナーでは異なる。粉砕法では,顔料が分散されたバルク樹脂を機械的エネルギーにより破壊,粉砕するが,このとき粉砕面は顔料成分が露出すると考えられている。顔料が存在する部分は樹脂部分より強度が低下するので,破壊時に発生する亀裂が顔料部分を経由して進行するためである(図11)。したがってその表面は樹脂成分の表面に顔料成分が点在する。一方,重合法における懸濁重合法の場合は,顔料は疎水性性質を持つため粒子内部に局在化

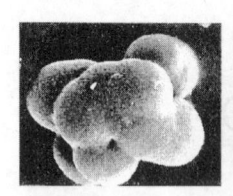

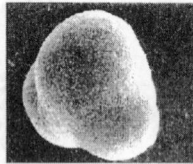

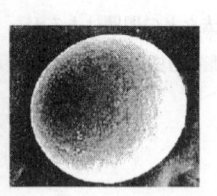

Non Spherical ←――――――――→ Spherical

図10 重合トナーの形状(乳化重合凝集法)[2]

第2章　重合トナー

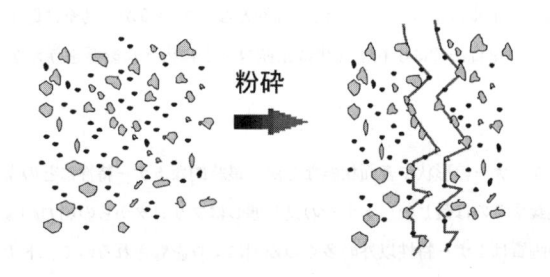

亀裂は粒子部分を経由して進行する
⇔
粒子が亀裂面に露出する

図11　粉砕法トナーの表面

する傾向があり，トナー表面は樹脂成分のみの均質表面となる。乳化重合凝集法では，顔料成分は粒子表面に表面処理された状態で存在し，熱処理工程により樹脂バルク中への埋没はあるにしても表面が一様に顔料成分で被覆された構成をとると思われる。この構成も別の意味で均質な表面状態であるといえる。

4.2　顔料の分散状態

　顔料の分散状態も差異がある。粉砕トナーでは顔料の分散は混練工程で行われる。樹脂を加熱溶融しその中にスクリュー撹拌により顔料を分散させる。この場合，分散媒体は溶融樹脂であるので高粘度であり，分散時間もたかだか数十秒と限られているので，分散状態を制御すること，良分散状態を得ることは困難である。懸濁重合法では，モノマー中にあらかじめ顔料を分散させておく。この場合の分散媒体は低粘度のモノマーであり，分散方法も既知の手法を利用することが可能で，分散時間に制限があるわけではない。液体媒体中への顔料の分散方法，分散装置は工業的にもよく研究されている分野であり，様々な手法がある。したがって，分散状態を広範囲で制御できる。乳化重合凝集法では樹脂粒子と顔料とをヘテロ凝集させるときの条件で種々の状態が出現するが，一般的には良分散状態が得られる。

4.3　粒子径

　粒子径は画質に影響を及ぼす重用な要因のひとつである。当初は十数μmの粒子径であったものが，最近では$7 \sim 8\mu$mとなっており，将来的には5μmに近づくといわれている。粉砕法では一般的に粒子径が小さくなると，粉砕に要するエネルギーが幾何級数的に大きくなるといわ

れている。粉砕装置の進歩により小粒子径化も容易となっているが，効率は低下し生産コストアップの要因となる。重合法では小粒子径化は生産コストに大きな影響を与えない。

4.4 トナー特性

以上述べたようなトナーの形状や表面状態などが，最終的なトナー特性にどのような影響を及ぼすかを厳密に議論するのは難しい。トナーの良し悪しはプリンタからの出力画像で評価することになるが，その画質はトナー特性以外の多くの要因により影響されるので，トナーのみの特性の影響を抽出することは難しい。しかし，電子写真システムの個々のプロセス(帯電，現像，転写工程など)を取出して粉砕トナーと重合トナーを比較すると，一般的に重合トナーのほうがよい結果が得られる。それはおそらく，重合トナーの持つ画一的な形状や表面性，内部構造によりもたらされるのであろう。重合トナーの持つ高い現像，転写効率を利用して，クリーナレス現像システムも提案されている。パーソナルユースのプリンタではメインテナンスフリーであることが必須となることを考えると，重合トナーの重要性は大きい。

5 重合トナーの今後

粉砕法，重合法を問わず，トナー工業の今後を考えると重用なのは環境への配慮であろう。具

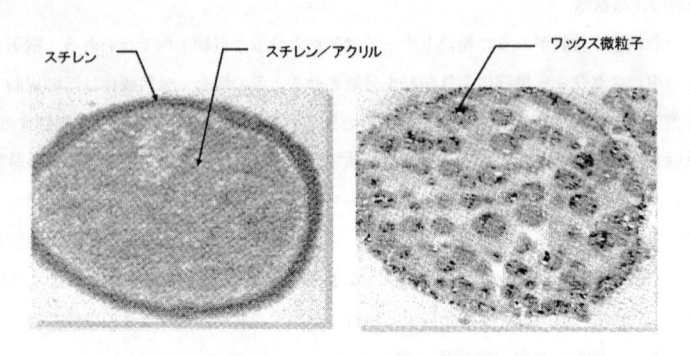

構造化による低温定着化の試み
左：コアにTgの低い樹脂を配して低温定着性を得るとともに，高いTgを有する樹脂をシェルにすることにより高保存性を確保する
右：ワックス成分を高比率で配することにより低温定着性を得る

図12 構造化による低温定着トナーの試み

第2章 重合トナー

表1 重合トナーの各社の取り組み

製法	メーカー	モノクロプリンタ	カラープリンタ
懸濁重合法	キヤノン		○
	ブラザー／沖データ	○	
乳化重合凝集法	富士ゼロックス		○
	コニカミノルタ		○
溶解懸濁法	富士ゼロックス		○

体的には生産に要するエネルギーを低くすること，ランニング時の低定着エネルギー化，廃トナーをなくすこと，があげられる。これらのいずれを見ても，重合法に利点がある。溶融，粉砕工程がないことは生産所要エネルギーの低下につながり，低温定着特性も構造化（図12）などの手法を応用することにより画期的な特性が得られる可能性がある。また，現像，転写効率の高さを利用して廃トナーの出ないシステムも実用化されている。

重合トナーは今世紀に入り，メーカー各社とも実機搭載が活発となっている（表1）。トナー生産量全体から見ればまだ微々たる量であるが，各社とも数千トン／年以上の生産設備拡充を計画しており，今後はトナー市場の一翼を担うであろう。

文　献

1) M. Kamiyama et al., J. App. Polym. Sci., **39**, 433 (1995)
2) コニカミノルタ，日本画像学会誌，**43** (1), 42 (2004)

第3章　粉砕トナー

丸田将幸*

1　はじめに

　近年，重合トナーが商品化されて注目されてきたが，粉砕トナーについても種々の開発を行っており，更なる高機能化を達成してきた。重合トナー，粉砕トナーそれぞれに長所，短所はあるものも，達成している機能としてはほぼ同等で(筆者は粉砕トナーのメリットの方が大きいと考えているが)相互に切磋琢磨している状況であると言える。
　重合トナーは材料に対する製造工程の変動が大きく材料の変更に対して敏感であるのに対し，粉砕トナーの製造では材料を変更しても容易に設計どおりのトナーが得られるなど材料選択の自由度が高い。また，製造時に使用するものはトナーそのものの材料のみであり水や分散剤などの廃棄されなければならない余分なものを使用しないなどメリットも大きい。
　本稿では粉砕トナーの材料設計・製造方法などを簡単に紹介し，最近の開発動向などを紹介する。

2　粉砕トナーの材料設計

2.1　バインダー樹脂

　トナーに使用される樹脂としては，スチレン・アクリル共重合体，ポリエステル樹脂，エポキシ樹脂などがある。また，近年，COC樹脂，ポリ乳酸樹脂などの新規な樹脂の検討も行われている。
　近年，安全，環境への配慮のため樹脂にも種々の要求がなされている。たとえば，スチレン・アクリル共重合体の場合にはスチレンなどの残留量を低減することが必須である。また，ポリエステル樹脂についても使用する原料などの安全性を考慮して設計している。また，ポリエステルに使用されるビスフェノールAはエストロゲン様物質としての疑いがあるとして検討されていたが，最近の厚生省の検討により哺乳類には影響のないこと，また，めだかに影響を与える濃度が他の疑わしい化学物質に比べはるかに高いことなどが発表された[1]。

---

*　Masayuki Maruta　花王㈱　情報材料事業部　電子写真営業部　技術部長

第3章　粉砕トナー

バインダー樹脂の使命は，着色剤，帯電制御剤，ワックスなどの機能材料を分散しその機能を発揮させることおよびトナーを紙上に定着させることである。トナーの定着性と同様，これら材料の分散性はバインダー樹脂の溶融特性（レオロジー）に大きく依存する。

バインダー樹脂の溶融特性はその分子量分布およびモノマー構成により制御される。通常よく使用されているヒートロール定着においては，樹脂の低分子量成分がトナーを紙に定着させる役割を高分子量成分がトナーの溶融時に弾性を付与しロールにトナーが付着する（オフセット）ことを防止する役割を担う。当然，樹脂中の低分子量成分を増加すればトナーの溶融が容易となりトナーの定着温度は低くできるが弾性は低下しオフセットが生じやすくなる。この，両者の両立が図れるよう樹脂の分子量は制御される。

また，樹脂のフレキシビリティを制御するため，トナー用樹脂は硬質モノマー成分（スチレン・アクリル共重合体の場合にはスチレン）と軟質モノマー成分（アクリル）の組み合わせで構成されている。軟質モノマー成分を増加すれば，樹脂の分子量を大きくしても分子鎖が柔らかくできるため溶融しやすくなる。そのため，低温定着性と耐オフセット性の両立が可能となる。そのため，近年では，トナーの保存性が許す範囲で可能な限り軟質モノマーを増加しガラス転移温度の低い樹脂を使用する傾向にある。ポリエステル樹脂に使用されるモノマーを表1に示す。ポリエステル樹脂は2官能以上の酸モノマーとアルコールモノマーの脱水縮合により合成されるが，たとえば，酸モノマーでは，硬質成分がテレフタル酸，軟質成分がフマル酸や琥珀酸誘導体

表1　ポリエステルに使用される代表的なモノマー

アルコール・モノマー	酸モノマー

（ビスフェノールA誘導体, エチレングリコール, プロピレングリコール, シクロヘキサンジメタノール / テレフタル酸, トリメリット酸, ピロメリット酸, マレイン酸/フマル酸, 琥珀酸誘導体）

などである。表1からも明らかなようにポリエステル樹脂に使用されるモノマーの特徴は,ビスフェノールAやテレフタル酸などのように,樹脂の主鎖に芳香環を含むことである。樹脂骨格に芳香環を含むことにより樹脂の分子量を低くしても十分な靭性が確保できトナーの耐久性が向上する。したがって,同様の耐久性を達成するために必要な分子量はスチレン・アクリル共重合体よりも低く,ポリエステル樹脂は低温定着に有利である。

2.2 着色剤

通常電子写真においては,シアン,マゼンタ,イエロー,黒の4色のトナーが使用される。黒トナーにはカーボンブラックが約3〜10重量%含有される。カーボンブラックの発がん性が問題となったこともあるが,通常トナーに使用されているカーボンブラックはAMESテストなどで十分に安全性の確認されるものが使用されている。また,カーボンブラックの発がん性は製造時に複製する多環芳香族化合物などによるものであり,これら物質の含有量も十分に管理されている。また,磁性一成分現像に使用されるトナーには微粒子マグネタイトが使用されるがマグネタイトは黒色の着色剤の役割を担っている。マグネタイトは通常30〜50重量%含有されている。

カラートナーに使用される顔料としては,シアン顔料として銅フタロシアニン(Pigment Blue 15:3),マゼンタ顔料としてキナクリドン(Pigment Red 122),カーミン6B(Pigment Red 57:1),イエロー顔料としてPigment Yellow 93, 95, 180, 185 などが使用される。これらの顔料は,その着色力,トナーの粒径により差は有るが通常3〜10重量%添加される。

製造方法の節で触れるが,粉砕法トナーでは高粘度の樹脂中で顔料を分散させるため分散が良好であるメリットがある。また,製造中に水や溶剤を使用しないため顔料選択の自由度が大きい。たとえば,重合トナーは使用しにくい安価な顔料であるカーミン6Bなども使用が可能である。

2.3 帯電制御剤

電子写真において,トナーの帯電により現像および転写の工程が行われるためトナーの帯電性はきわめて重要な特性である。また,トナーの帯電性は使用される種々の環境条件で一定でなければならず,また,印字を重ねることにより変化することは好ましくない。トナーの帯電は樹脂の帯電特性や外添剤などによっても制御されるが樹脂や外添剤には他にも考慮されねばならない特性があるため,独立して制御できる材料として帯電制御剤(CCA)は有用である。また,印字装置の小型化のためによく用いられる非磁性一成分現像法ではトナーに素早い帯電が要求されるため帯電制御剤の役割はさらに重要である。

帯電制御剤の構造としては,極性官能基を有していること,もしくはD^+A^-の対イオン構造を有していること,また,バインダー樹脂と相溶せず,かつ,均一に適正な分散単位(サブミク

第3章 粉砕トナー

ロン)で分散することが要求される。使用される化合物としては，負帯電性として，金属アゾ錯体，サリチル酸誘導体，ホウ素化合物，また，正帯電性としてはニグロシン，トリフェニルメタン系染料，4級アンモニウム塩などがある。また，スチレン・アクリル樹脂に官能基を有するモノマーを共重合した帯電制御樹脂（CCR）も使用されている。

当然，近年では安全性の観点から帯電制御剤の種類が選択されることも多い。

2.4 ワックス

ヒートロール定着時に，ロールからの離型性を付与するためにワックスが添加される。従来の黒トナーには低分子量ポリプロピレン，ポリエチレン，またはそれらの共重合体が使用されてきた。特に，ポリプロピレンはトナー用樹脂への分散性が良好なためよく使用されてきたが融点が140〜150℃と高いため，近年のトナーの低温定着化，カラー化などの用途には融点の低いカルナウバワックスなどの天然ワックスや低融点ポリエチレンなどの使用が多くなってきている。

ワックスの含有量が増加する傾向にあるためワックスの分散が重要となっている。ワックスの分散単位が大きいとキャリア，帯電ブレード，感光体などへの汚染が生じやすく印字による経時変化が生じやすい。

2.5 外添剤

トナーは5〜10μmの微粒子であるため，粉体としての十分な流動性が付与されないと良好な画像が得られない。トナーへの流動性付与のため，5〜100nmのシリカ，アルミナ，チタニアなどの無機酸化物や樹脂微粒子などがトナー表面に添加される。無機微粒子は元来，親水性の物質であるためその表面をシランカップリング剤などで疎水化処理されて使用される。

外添剤はトナー際表面に存在しているためバインダー樹脂に比較的ガラス転移温度の低い樹脂を使用する場合や多量にワックスを含有する場合には熱的に弱いトナー内部を保護しトナーの保存性を確保する役割もある。当然，トナーの低温定着化やカラー化によりその添加量は増加する傾向にある。

これらの外添剤の凝集体は感光体などの表面を傷つけるためその分散性も重要である。また，トナーの表面に存在するためトナーの帯電性に大きな影響を与える。

3 粉砕トナーの製造方法

粉砕トナーの製造方法は図1に示すとおりである。原料は乾式混合され，バンバリーミキサー，二軸エクストリューダーなどで溶融混練される。この際，各原料は溶融した樹脂中で分散される

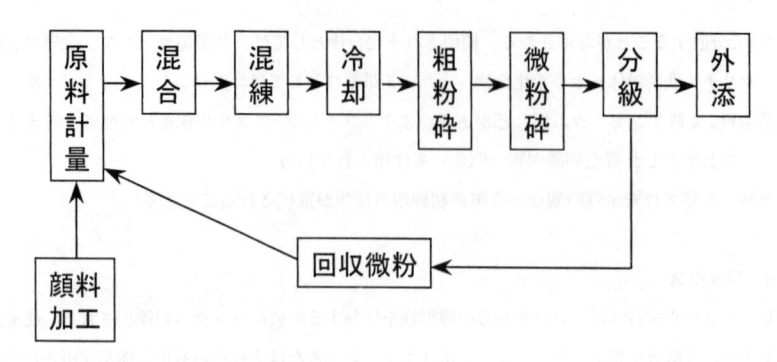

図1 トナーの製造工程

原料計量 → 混合 → 混練 → 冷却 → 粗粉砕 → 微粉砕 → 分級 → 外添

顔料加工 → 原料計量

分級 → 回収微粉 → 原料計量

　ため強いせん弾力を受け均一な分散が得られる。この高粘度の樹脂中で分散されることが粉砕トナーの製法上の利点であるが，カラー顔料のように更に高度な分散を要求される場合には，メルトフラッシング法などによるマスターバッチ化も可能である。溶融混練されたトナー原料はジェットミルなどで粉砕され要求の粒径に分級される。この工程で使用されるジェットエアーを作るために使用されるコンプレッサーの電力消費が大きいといわれている。そのため，粉砕工程の効率を向上することで粉砕トナーの生産時の電力消費を下げることが可能となり，種々の改善がなされている。また，目的の粒径分布を作るために分級により除去された微粉は原料系に戻され再利用される。目的の粒径分布に調整された粒子はヘンシェルミキサーなどの混合機でシリカなどの外添剤と混合されトナーとなる。

　粉砕トナーの利点としては，高粘度の溶融した樹脂中で分散工程が行われるため顔料などの分散性が良好であること。製造工程に化学変化が伴わないため微粉などを廃棄する必要がなく廃棄物が少ないこと。製造工程に使用される材料はすべてトナーを構成するものであるため余分なもの（重合トナーにおける水，分散剤など）を除去する工程が不要で廃棄物を生じないこと。製造工程が材料に対して変化が少ないため材料の変更，工程のスケールアップなどが容易であること（重合トナーでは材料を変更すると重合時に粒径，反応速度などが変化しやすい）。などが挙げられる。

　また，粉砕トナーは帯電制御剤，ワックスなどの機能部材がバインダー中に分散しているものである。この材料を粉砕した場合，粉砕は分散した機能部材の界面で生じる。そのため，トナー表面にはこれらの機能部材が濃縮されて存在することになる。また，帯電制御剤やワックスはトナー表面に存在することによりその機能は発揮される。したがって，粉砕という技術はトナーの機能発現のために最適な製造方法であるといえる。

第3章 粉砕トナー

4 粉砕トナーの開発動向

4.1 黒トナーの低温定着化

近年，各種の規制，要求などに従いトナーの低温定着が検討されて来ており，トナーの定着温度は年々低下している。従来，スチレン・アクリル樹脂の分子量分布の検討，低融点ワックスの検討なども行われてきたが，近年ではポリエステル樹脂の使用による低温定着の検討が主流でありその使用量は急増している。

また，さらなる低温定着を可能とするために結晶性ポリエステル樹脂の検討もなされている。結晶性ポリエステル樹脂はアルコール成分にブタンジオール，ヘキサンジオールなどの脂肪族アルコールを使用することで製造できるが，通常のアモルファス・ポリエステル中にドメインとして分散し融点で急激な粘度低下を起こすことでトナーの低温定着を可能とする。結晶性ポリエステルは20～30％添加することで通常の中速複写機において20～30℃定着温度を低下させる効果を示す[2]。その一例を図2に示す。

4.2 カラートナー

ここ近年，電子写真のカラー化が徐々に進んできていたが，2003年，その動きは顕著となった。カラープリンターの価格が急低下し普及が急速に進んだ。また，カラープリンターへの重合トナーの搭載が進んでいる。重合トナーのカラープリンターへの搭載は，オイルレス定着対応お

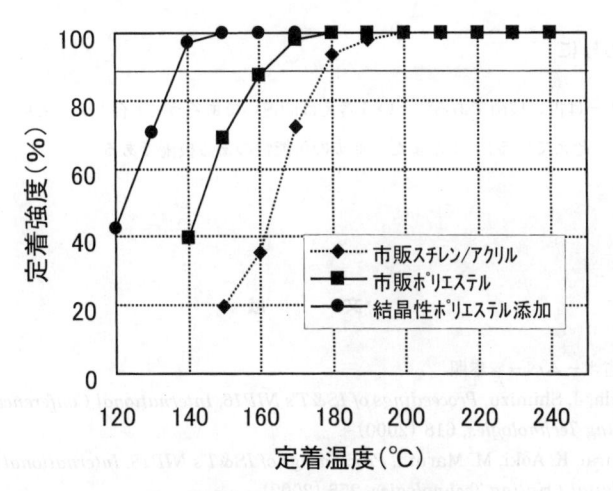

図2　結晶性ポリエステルの低温定着効果

よび小粒径化による高画質化が狙いであると考えられ，また，そのように盛んに宣伝されている。

当然ながら，これらの要求特性は粉砕トナーでも十分に可能である。当社では，オープンロール混練機を使用することで多量の低融点ワックスを均一に微分散することでオイルレス定着とトナーの耐久性の両立を達成している[3]。

また，粉砕工程の改良により粉砕トナーも小粒径化が可能である。トナーの粉砕性はトナーの材料構成により異なるため一般に何μmまで可能であるとはいえないが，市場では6μm程度のトナーまでは製品化されており重合トナーとほぼ遜色の無い粒径のトナーは得られると考えられる。実際に，高画質・高発色の画像が要求されるオンデマンド印刷の用途で重合トナーの使用はほとんど無く粉砕トナーの使用が主流である[4]（重合トナーでは十分な発色が得られないといわれている）。

4.3 環境対応

既に，各章で述べているがトナーは安全性に関しては他の化学材料に先駆けて対応してきたと考える。カーボンブラックの安全性の確保は新聞インクや塗料などに先駆けて行ってきた。また，近年ではドイツのブルーエンジェル・マーク取得のためにジスアゾ系顔料の使用が不可能となると各社とも急速に他の顔料に切り替えを行った。

さらに，今後は，スチレンなどの有害性の懸念される揮発分の管理，帯電制御剤などに含まれる金属成分の可否，触媒などに含まれる不純物の管理などが今後の検討となる。

5 おわりに

"粉砕トナーは古い技術である"という考えは間違いであろう（重合トナーも検討が始まって20年は遥かに越えている）。まだまだ，進歩の可能性のある技術である。

文　献

1) 環境省ホームページ参照
2) A. Eida, J. Shimizu, *Proceedings of IS&T's NIP16, International Conference on Digital Printing Technologies*, 618（2000）
3) E. Shirai, K. Aoki, M. Maruta, *Proceedings of IS&T's NIP18, International Conference on Digital Printing Technologies*, 258（2002）

第 3 章 粉砕トナー

4) Tyagi, *Proceedings of DDP2003, IS&T's Internationl Conference on Digital Production Printing and Industrial Applications*, 207 (2003)

第4章 液体トナー

細矢雅弘*

1 液体トナーの特徴と乾式トナーとの比較

1954年に液体現像を発明したオーストラリアのK. A. Metcalfeは，1956年の報文[1]に「液体現像剤を用いるとセレン感光板上で250線/mmの解像度が得られる」と記述している。実に線幅4μm，即ち6350dpiの解像度を予言していたのである。半世紀を経た現在，ようやく彼の予言を現実のものとしてとらえられる状況が整ってきた。液体現像による出力画像をつぶさに観察すると，2540dpiの最小孤立画点，即ち直径10μmの微小画点をきれいに再現し，なお余りある様子が見て取れる。

液体トナーを構成する諸要素のスケールを乾式のそれと比較すると，およそ1桁の違いが存在することに気付く。トナー粒径の相違を図1に示した。粒径のみならず，画像を構成するトナー層の厚さやトナー消費量はいずれも乾式の約1/10であり，トナー帯電量や最高現像速度は1桁上の領域にある。液体トナーは，電子写真技術の能力を桁違いに高い世界に引き上げる可能性を有している様に思われる。

図1に，平均粒径7.2μmの乾式トナー粒子と0.7μmの液体トナー粒子のSEM写真と，それ

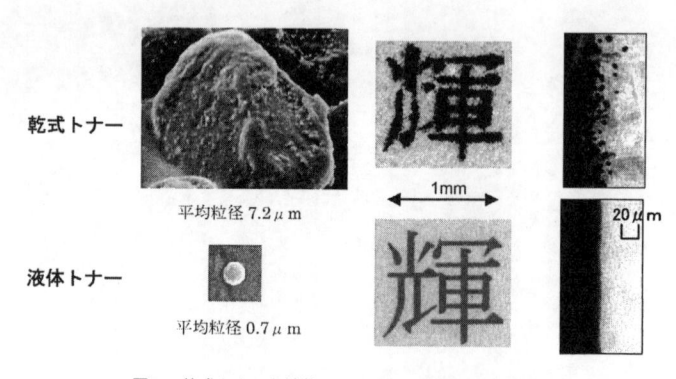

図1 乾式トナーと液体トナーのSEM写真と出力画像

---

* Masahiro Hosoya ㈱東芝 研究開発センター 技監

第4章 液体トナー

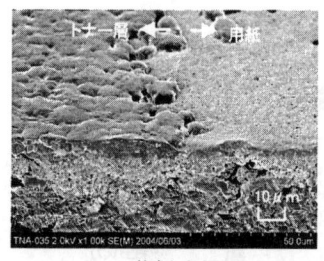

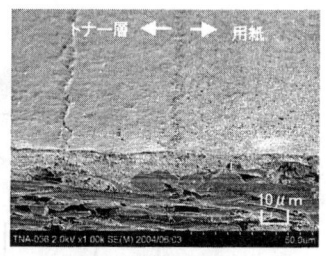

乾式トナー　　　　　　　　　　　　液体トナー
図2　トナー画像表面と断面の傾斜撮影写真

らによる出力画像の比較を示した。粒径の圧倒的な違いが画像に反映されており，中央の文字画像は肉眼では判別し難い約1mm角の微小文字であるが，液体トナーではほぼ完全に再現されている。右図の画像エッジの状態にも著しい相違が見られる。

図2は，コート紙に転写したトナー画像の表面と断面を60度の傾斜をもって撮影したFE-SEM写真（2000倍）である。いずれもJapan Colorに準拠した十分な濃度を有するシアン画像のベタパッチ部をサンプリングした。乾式トナー画像においてはトナー付着部（左側）と非トナー付着部（右側）の表面状態の違いや境界における段差が明確に見て取れるが，液体トナーによる画像では境界の識別が困難なほどトナー層が薄く，またトナー層表面の質感は用紙表面の状態に近い。このような表面状態の相違は自ずと画質の差異として知覚される。

極めて薄い厚さのトナー層で所定濃度の画像を形成できるという特性により，様々なメリットが得られる。まず，画像エッジのRaggednessが著しく改良され，解像度が飛躍的に向上する。トナー消費量においても液体トナーでは乾式の約1/10で済むことが実験によって確認されており，ランニングコストの大幅な低下が期待される。乾式トナーによる印刷物を製本すると不自然に嵩高くなる，といった問題も解決できることは勿論である。

2　液体トナーの構成

液体トナーの構成例を図3に示す。トナー粒子は溶媒中に分散されている為，粒径1μm以下の微粒子トナーを用いても空気中に飛散することが無く，粉塵による塵肺の危険性を回避することができる。トナー粒子が，バインダー樹脂，顔料，電荷供与剤から構成されている点においては乾式トナーと変わりは無いが，各構成成分に要求される特性は自ずと異なってくる。

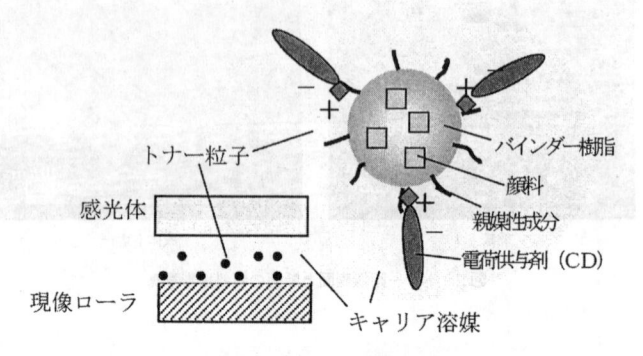

図3　液体トナーの構成

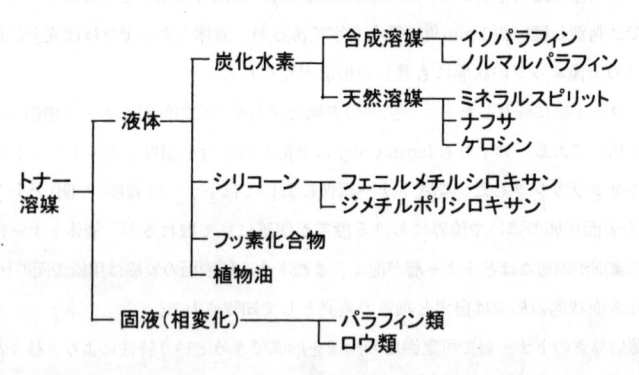

図4　提案されているキャリア溶媒

2.1　キャリア溶媒

　キャリア溶媒としては$10^{14～15}$ Ω cm程度の高抵抗の液体が用いられ，図4に示す様々な溶媒が提案されているが，現在実用に供されているのは炭化水素系溶媒，特にイソパラフィンが大部分である。近年多用されているIsopar-L（ExxonMobil社商品名）はイソパラフィン溶媒の代表例で，電気抵抗$5×10^{14}$ Ω cm，比誘電率2.0，粘度2.08cSt，比重0.77，蒸留範囲188～203℃，引火点64℃，発火点293～399℃の特性を有しており，300ppm以下の暴露濃度での使用が推奨されている。低誘電率の非極性溶媒であるため，トナー粒子への電荷付与には独特のメカニズムが必要となる。

　後述するように，最近ではオフィス環境での使用等に配慮し，シリコーン系やフッ素系の不揮発性溶媒が検討されている。

第4章　液体トナー

2.2　バインダー樹脂

　バインダー樹脂としては，乾式と同様のアクリルやスチレンなどが用いられるが，粒子が溶媒中に良く分散し且つ顔料が遊離しないよう，溶媒親和性と顔料親和性（もしくは非親媒性）を付与しなければならない点が乾式と異なる。図3に示すように，樹脂の親媒性成分を外向きに，顔料親和性成分を内向きに配位することでこの要求を満たしている。溶媒親和性を有するモノマーとしては，ラウリルメタクリレート，ステアリルメタクリレートなどがあげられる。また，非親媒性モノマーとしては，メチルメタクリレート，エチルメタクリレート，スチレンなどが用いられることが多い。

　また粒子の帯電は，一般に次項で示すようなイオン種の授受によって行われる為，樹脂はイオン種を吸着する極性サイトを有していなければならない。正の電荷を与えやすい極性基を含むモノマーにはジメチルアミノエチルメタクリレート，ジエチルアミノエチルメタクリレート，ビニルピリジンなどがあり，負の電荷を与える極性基を含むモノマーにはアクリル酸，メタクリル酸，スチレンスルフォン酸などがある。

　樹脂の熱特性が定着特性を決定することは勿論であるが，液体トナーではTgが氷点下の樹脂が用いられることもある。従って，定着温度も室温ないし100℃程度の範囲にある場合が多く，省エネルギー化が可能となる。

2.3　顔　料

　顔料は，黒色トナーとカラートナーのいずれにおいても乾式トナーと同様のグレードが用いられることが多い。トナー粒径に相応のサイズの小粒径顔料を選択する必要があることはもちろんであるが，同時に溶媒に可溶なイオン成分を極力含まない顔料を選択することが重要である。このような不純物が過剰イオンとして溶媒中に溶け出すと，Free phase conductivity（トナー粒子を遠心分離によって除去した液体の導電率）の過度な上昇を招き画質を劣化させる。

2.4　電荷供与剤

　電荷供与剤（Charge Director）としては，金属石鹸が用いられることが多い。金属石鹸は脂肪酸，樹脂酸，ナフテン酸などの金属塩の総称で，Ca, Ba, Zn, Ti, Zrなどの金属イオンがトナー粒子に正極性の電荷を与える。負極性電荷供与剤としてはアルキルベンゼンスルホン酸カルシウム，ジオクチルスルホン酸カルシウム，リン酸亜鉛などが使用されている。液体トナーの帯電性は一般にゼータ電位で評価されるが，乾式トナーと同様の単位系に換算すると$200\mu C/g$程度に達する場合が多い。なお，CDを過剰に添加すると上記のFree Phase Conductivityが上昇し，画像が流れやすくなる傾向を示す。一方，導電率が低すぎると画像に過度のエッジ効果を生じる

ため，CDの添加量やトナー構成成分から溶出するイオン成分量をコントロールすることが重要である。

3 液体トナーの帯電機構

　液体トナーの帯電のメカニズムは，必ずしも完全に理解されているわけではない。この点においては，乾式トナーの摩擦帯電機構が依然として完全には解明されていないのと同様である。ここでは，比較的確かなモデルと思われるイオン解離による帯電機構を中心に紹介する。

　乾式トナーの帯電はキャリアとの接触において電子の授受が行われることによるものと考えられているが，液体トナーにおいては，イオンという明確な実態を有する物質の授受によって帯電が行われる。電荷供与剤（CD）は溶媒中で正の金属イオンと負イオンに解離しており，この金属イオンがバインダー樹脂の吸着サイト（例えばカルボキシル基のようなイオン性基）に付着することによって，樹脂粒子に正の電荷が付与される。この様な液体トナーが現像電界中に進入すると，正のトナー粒子と負のカウンターイオンが分離して，それぞれの移動度（mobility）で逆方向に泳動し，潜像面に付着して現像が行われる。この帯電モデルは「イオンの選択吸着による帯電」と呼ばれている[2]。

　他の帯電モデルとして「酸塩基相互作用による帯電」が提案されている[3]。このモデルでは，樹脂粒子がプロトン（H^+）をCDに供与し粒子が負に，CDが正に帯電する。このときプロトンは粒子表面の酸性サイトからCD表面の塩基性サイトへ移動することから，酸塩基相互作用による帯電と呼ばれている。

4 液体トナーと液体現像の最新技術

4.1 ファイバー状突起を有する液体トナー

　Indigo社が製品化した液体トナーは，図5に示すような複数のファイバー状の突起を有している[4]。このファイバーが，現像された像において相互に絡み合うことでその後の工程における画像劣化を防止し，高画質のカラー画像を得ることができるという。

　このトナーの製造方法は特公平5-87825他に開示されている。原料となる熱可塑性樹脂は，エチル酢酸ビニル共重合体やエチレン共重合体である。これらの樹脂に対して10～35wt%の顔料とIsopar-Lを添加し，十分に混合撹拌する。これを摩砕機から取り出し冷却することによって得られる海綿状体をミルによって50メッシュを通過する程度まで細断する。この海綿体細片をIsopar-Hとともに剛球ビーズを入れた摩擦摩砕機に投入し摩砕すると，エラストマー質重合体

第4章　液体トナー

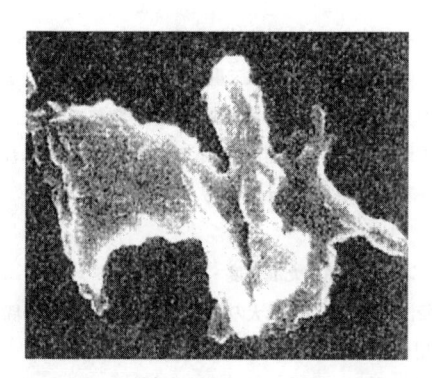

図5　ファイバー状突起を有する液体トナー

が引き裂かれ，前記のファイバー状の液体トナーが得られる。この濃縮物を2％の固形分を含む状態に希釈し，電荷供与剤を固形分の1/1000ないし1/10wt％だけ加え現像液を生成する。

　この液体トナーは，E-Print1000などの初期の機種においては平均粒径2～3μmのサイズとして用いられていたが，最近のHP Indigo Pressなどでは約1μmと公表されている。現像方法も，従来のギャップ現像の後で逆転スクイズによって溶媒量を減ずる方式から，極めて柔軟な導電性ゴムローラの表面に高濃度の液体トナー薄層を形成しこれを潜像にソフトに接触させて現像する接触現像方式に変化してきている。これによって，現像器の小型化や高画質化のみならず，廃溶媒量の大幅な低減が実現されている。

4.2　マクロモノマー法によるグラフトポリマーを用いた液体トナー

　前述したように，液体トナーのバインダーには溶媒親和性と顔料親和性の両立が要求されるが，従来の直鎖状ポリマーではこの要請に応えることは困難であった。溶媒親和性成分として長鎖アルキルメタクリレート，顔料親和性成分としてグリジルメタクリレートを用いる例などがあったが，これらが交互に配置されたリニアポリマー構造では，両親媒性の実現に限界があった。

　これに対し，幹と枝から構成されるいわゆるグラフトポリマーをバインダー樹脂とし，幹成分に顔料親和性を，枝成分に溶媒親和性を付与することによって，分散安定性に優れバインダー樹脂としての諸特性（レオロジー特性，顔料保持特性など）を精密に制御できるトナーの実現が可能になってきた[5~7]。幹に短鎖アルキルアクリレートを，枝に長鎖アルキルアクリレートを用いた例では，枝成分は5重量％の少量でも十分な分散安定性が得られる為，幹成分の顔料親和性成分を95％として樹脂溶融温度の自由度を格段に広げることが可能になった。

　このようなグラフトポリマーの樹脂構造をミクロレベルで高度に設計する上で，マクロモノ

マー法と呼ばれる重合法が有効である。予め枝になるマクロモノマーを合成し、次にマクロモノマーの末端に導入されているラジカル重合性二重結合を利用して幹になるモノマーと共重合する方法である。枝、幹それぞれのセグメントの組成分子量を制御できるという特徴がある。また、マクロモノマー中にカルボキシル基を局在化させ、電荷供与剤を取り込む極性サイトとすることによって、優れた電気泳動特性が実現されている。

4.3 不揮発性シリコーン溶媒を用いた高濃度・高粘性液体トナー

炭化水素系溶媒は揮発性を有する点が最大の問題となっていた。この問題を解決すべく、不揮発性シリコーン溶媒を用いた液体トナーの検討が活発化している。

液体トナーの溶媒としてシリコーンを用いるという概念は1960年前後には提案されており[8]、開発の歴史は長い。しかし、液体トナーに使用される多くのポリマーがシリコーン溶媒に分散され難く、粒度および安定性を著しく制限し凝集・沈殿の問題が実用化を阻んできた。

使用可能なシリコーンオイルとしては、ジメチルシリコーン(東レダウコーニングシリコーン社製SH200、信越化学工業社製KF96、GE東芝シリコーン社製TSF451、等)、環状シリコーン(東レダウコーニングシリコーン社製DC345等)などがあげられる。上記の問題を解決する方法として、シリコーン溶媒に可溶性のモノマーAで溶媒不溶のモノマーBをグラフト重合する方法が提案されている[9]。モノマーAとしてシリコーン系樹脂からなるマクロモノマーを用いると分散安定性が向上し非画像部の汚れが少なくなる。モノマーBとしては、例えばポリメチルメタクリレート、アクリル-酢酸ビニル共重合体、アクリル-スチレン共重合体などが用いられる。

着色剤(顔料)は、シリコーン溶媒に不溶な樹脂でカプセル化処理することで所望の電荷を付与しやすくなり、分散安定性、色重ね性、尾引き防止等の特性が向上する。電荷供与剤は、溶媒に一部可溶なものが望ましく、2〜4価のいずれかの金属を含む有機化合物が好適である。ナフテン酸ジルコニウムや、オクチル酸カルシウムなどが例示される。

2003年に開催されたIGAS2003 (International Graphic Arts Show) で、PFU社が世界初の不揮発性シリコーンオイルトナーを用いた液体現像電子写真プリンタの試作モデルを技術展示した。トナー組成の詳細は明らかにされていないが、引火点310℃以上の無臭(不揮発性)シリコーンオイルをキャリア溶媒とした粒径1μmのトナーを採用し、高画質を実現したという[10]。高濃度で粘性の高い不揮発性トナーは一般に電気泳動速度が遅く、高速現像には限界があったが、現像ローラ上にトナー薄膜を形成し感光体との現像ギャップを微小とすることで毎分40枚(A4)の高速現像を可能にした。特許文献[11]には、トナーの固型分濃度10〜20wt%、キャリア粘度50〜100cSt、現像ローラ上のトナー層厚5〜10μmと記載されている。実用化が期待される技術である。

第4章 液体トナー

5 おわりに

　液体トナーの材料構成と画像特性を新たな視点から紹介し，注目すべき最新技術の動向をまとめた。液体トナーの高解像度特性を活かし，今後はヒューマンインターフェースとしての画像のみならず，高精細パターニングといった新たな用途への展開が期待される。また，液体トナーの電気泳動特性を応用した新しい表示技術として，電子ペーパーが実用化され始めた。不揮発性溶媒を用いた液体トナーで圧倒的差別化特性を実現できれば，オフィスプリンタ市場における乾式技術の牙城を切り崩すことも可能になるかもしれない。液体トナー技術の新展開によって電子写真技術の新時代が切り開かれることを願ってやまない。

文　献

1) K. A. Metcalfe and R. J. Wright, *J. Oil & Colour Chem. Assn.*, **39**, 845 (1956)
2) 川角浩一，電子写真学会誌，**31**，1，77 (1992)
3) F. M. Fowkers, *et al.*, *ACS Symp. Proc.*, **200**, 307 (1982)
4) 特公平5-87825他
5) 中西和子，東亞合成年報，TREND 2004，第7号，p.48 (2004)
6) 特開2000-35697
7) 特開2001-134021
8) USP 3,053,688，USP 3,105,821
9) 特開平7-261466
10) *PFU Tech. Rev.*, **15**, 1, 85 (2004)
11) 特開2003-223056

第5章 キャリア

伊藤 昇[*]

1 はじめに

電子写真が上市された当初は，カスケード現像方式（図1）が採用された。

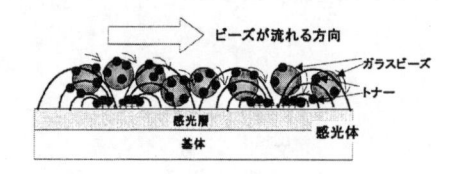

図1 カスケード現像

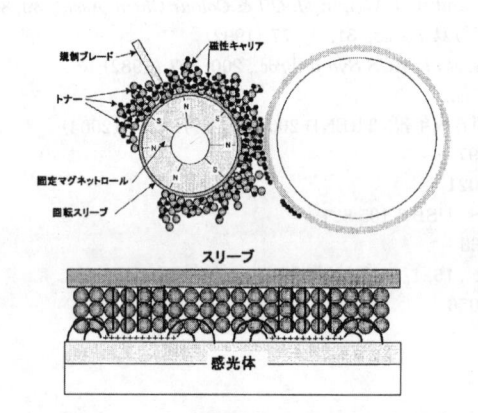

図2 磁気ブラシ2成分現像（上：システム，下：潜像）

　この方式は，ガラスビーズとトナーを混合した現像剤を感光体に滝のように流すものである。本方式は，潜像エッジの回り込み電界が強いためエッジ効果が強い画像になり，ベタ画像中央が白く抜ける写真と称するには不完全なものであった。そこで，現像電極効果により回り込み電界

---

[*] Noboru Ito　コニカミノルタビジネステクノロジーズ㈱　機器開発本部　機器第2開発センター　機器第23開発部　マネージャー

第5章 キャリア

を軽減する,磁気ブラシ2成分現像(図2)が開発された。本方式は,現像剤を搬送する導電性のマグネットローラスリーブと潜像との間隔が通常0.5～1mmに設定され,潜像の回り込み電界が著しく減少するため,エッジ部電界が小さくなり且つベタ部でも平行電界が生じて均一な画像再現性が得られる。本方式はまた,帯電安定性と現像安定性から,高速領域から低速領域まで幅広く適応可能であり,現在も広いレンジで使われている。当然ながらキャリアもそれに従って使い続けられており,現像方式の変遷と共に様々なキャリアが開発されている。以下にこれまでのキャリアについて解説する。

2 キャリアの種類

ガラスビーズはカスケード現像にのみ使われたため現在は無くなっている。主な磁気ブラシ現像用キャリアには,鉄粉キャリア・フェライトキャリア・マグネタイトキャリア・磁性粉分散型キャリアの4種類がある。代表的な特性を表1に示す。

表1 各キャリアの特性(磁化は1kOe磁場での値)

キャリア種	粒径(μm)	飽和磁化(mT)	保磁力(Oe)	電気抵抗($\Omega \cdot$cm)
鉄粉キャリア	200-1000	800	0	10^1-10^6
フェライトキャリア	40-100	300-500	0-30	10^6-10^{14}
磁性粉分散型キャリア	20-60	100-250	50-250	10^8-10^{14}

2.1 鉄粉キャリア

磁気ブラシ現像が上市された時に最初に採用されたキャリアである。球形,不定形,平板状など様々な形状がある。

真比重が7と大きい。粒径は,安全性の点(発火)から200μm以上でないと使えない。1mmのキャリアも当時は存在していた。このように一粒子当りの重量が大きく,それゆえにトナーとの撹拌時に大きなストレスを生じる。更には磁化が800mT以上あり,現在使われているキャリアを考えると非常に磁気凝集力が大きい。これらの特性により現像剤撹拌時や穂高規制時に大きなストレスを受けるため,トナー成分がキャリアに付着する"スペント,Spent"と呼ばれる問題が顕著であった。これは,トナー成分がキャリアに付着することによりキャリアの帯電性が低下する現象である。この対策として,トナー成分が付着しにくくなるように低表面エネルギー材料をコーティングする試みがなされている。しかしながら,本キャリアが上市された当時は低表面エネルギー材料が乏しく,せいぜいテフロンのようなフッ素樹脂であった。テフロンをコーティングする場合,テフロン微粒子を焼き付ける方法が一般的であったため,どうしてもコー

ティング膜厚が厚くなる。このため現像後のカウンターチャージ（トナーと逆の静電気）が放電せず溜まり、新たにトナーが接触しても荷電付与ができず、トナーの帯電不良という問題が新たに生じる。

一方鉄自体は良好な導電体なので、コーティングをしない場合は極めて抵抗が小さく、そのまま使うと感光体接触時に表面電荷がリークして、画像欠損に繋がる。このため通常表面を酸化処理していた。それでも酸化皮膜下の抵抗はそのままなので完全に解決するには至らなかった。特に高温高湿下では著しい。

このように多くの課題を抱えながらも、鉄粉キャリアを使った磁気ブラシ現像は線画像・ベタ画像両方を良好に再現できる方式として、次のフェライトキャリアが開発されるまで長年にわたって使われ続け、国内外で多くのベンダーがキャリアを提供していた。

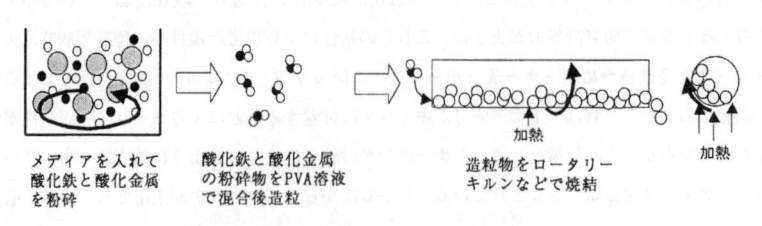

2.2 フェライトキャリア

フェライトキャリアが開発され、1980年代より鉄粉キャリアに取って代わるようになった。フェライトは、酸化鉄と金属酸化物との化合物で、フェリ磁性という様式で磁気を生ずる。保磁力の大きいハードフェライト（$Hc=200\sim450Oe$）と小さいソフトフェライト（$Hc=0\sim30Oe$）とがある。前者は磁気記憶材料に使われていた。電子写真用キャリアはソフトフェライトを使用する。その理由の一つは、マグネットローラから離れて混合撹拌部に流れた場合に、磁気的凝集がなく混合撹拌がスムーズに行くためである。ハードフェライトでは、マグネットローラから解放された後も磁化が残り、その力による凝集が起こる。

フェライトキャリアは、酸化金属種や配合比により、磁化・帯電性といったキャリアとして極めて重要な特性を自在にコントロールできる。これは後で述べる磁性粉分散型キャリアでも同じである。またフェライトキャリアが開発されると共に、様々なコーティングに適した樹脂も開発され、帯電コントロールを容易にしている。

フェライトキャリアの製法は図3のとおりである。

図3 フェライトキャリアコアの製造方法

第5章　キャリア

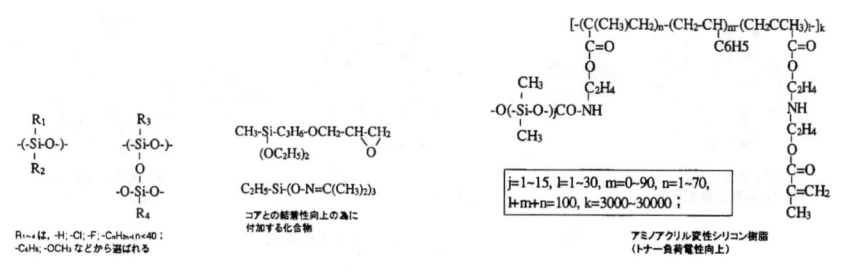

図4　シリコン樹脂の一例[1]

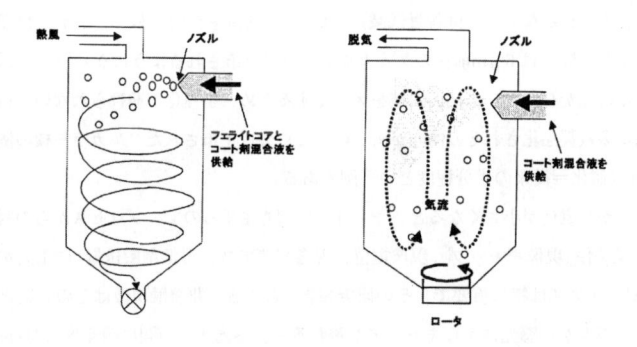

図5　キャリアコーティング法（左：スプレードライ法，右：転動流動法）

　フェライトにおいてもキャリア長寿命化は大命題であり，特に樹脂粘性が小さく後処理剤の多いカラートナーではスペントも顕著なため，多くの材料が開発された。キャリアのコーティングにはトナーにも使われる樹脂(例えばポリエステルやスチレンアクリル樹脂)，フッ素系樹脂，シリコン樹脂などあらゆる樹脂が使われる。最近はコーティングのしやすさ，低表面エネルギー，荷電性設計のしやすさなどからシリコン樹脂が多用されている。その一例を図4に示す。

　コーティングの方法には，スプレードライ，転動流動法，ボールミル法等がある（図5）。
　変わったところではポリエチレンコートキャリアがある。ポリエチレン自体をダイレクトにコーティングするのは当然ながら困難である。本キャリアの製法を図6に示す。
　まずキャリア表面にエチレンを重合する触媒を担持する。然る後にエチレンモノマーを供給し，キャリア表面で重合を行うものである。この方法であればエチレン分子自体が表面に接触し表面へ強固に付着する。
　フェライトの磁化および粒径はいずれも小さくなる方向にある。これはなるべくソフトな磁気ブラシを作り，キャリア接触による画像欠損を少なくして高画質を得るためである。また高画質

最新プリンター応用技術

CH₂=CH₂

キャリア表面に重合
触媒と導電性材を担持

エチレンモノマー流中に
投入する

ポリエチレンコート
キャリア

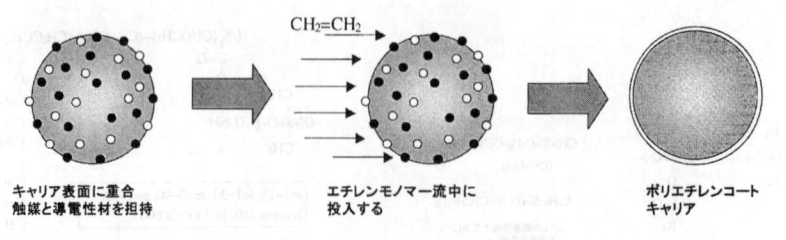

図6　ポリエチレンコートキャリアの製法

と低トナー消費（必要なトナー付着量低減）によるcpp低減を目的として，トナー粒径が小さくなる傾向があり，昨今は6μm前後のケミカルトナーが上市されるようになった[2]。これに伴い，トナー被覆率の面からキャリア比表面積を大きくするため，小径化が避けられない。特に昨今フルカラー機が多数製品化されその傾向が著しい。ごく最近上市されたフルカラー機の例では，粒径＝30μm／磁化＝従来の半分程度という例もある。

一方当然ながら磁化が小さくなると，キャリア付着も生ずるので，プロセスからの対応も必須であり，現像条件（現像ギャップ，現像電位，現像バイアス，現像剤搬送量）に工夫が凝らされている。ACバイアスは特に重要で，その研究報告[3]もある。非接触現像はその対応として効果的である。当然ながら感光体からキャリアが離れると，感光体との間に働く吸引力（鏡像力や電荷注入によるクーロン力）が小さくなるからである。

2.3　マグネタイトキャリア

フェライトキャリアは，亜鉛のような重金属を使用することが多いため，環境を配慮したマグネタイトキャリアが10年ほど前に上市された。残念ながら，磁化がフェライトに比べ大きくないことあるいは磁化制御幅が小さいこと，帯電性の関係で正帯電トナーに向いていることなどから，殆どが負帯電性トナーを使う昨今のデジタル機には向いていないこと，フェライトに比べ固有抵抗値が小さいこと，などから主流にはなり得ていないようである。

2.4　磁性粉分散型キャリア

本キャリアはサブミクロンの磁性粉を樹脂に練りこんだもので，鉄粉キャリアやフェライトキャリアとは根本的に構成が異なる。図7は磁性粉分散型キャリアのSEM写真である。本キャリアは現像方式に工夫が必要であり，限られたシステムに適応されている。

ミノルタ社（現コニカミノルタ社）よりMT方式現像システムが上市された際に，MT方式用キャリアとして本キャリアがはじめて製品化された。本キャリアは通常の磁性トナーと同じ製法

第5章　キャリア

図7　磁性粉分散型キャリア

Mixing → Kneading → Cooling
→ Pulverizing → Classifying

図8　磁性粉分散型キャリアの製法

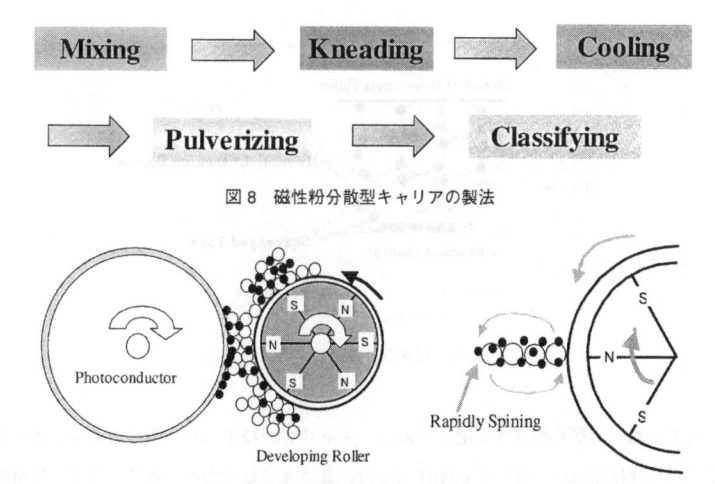

図9　MT現像方式の構成

(図8)である。

　MT方式用に開発されたキャリアは，特性も従来のキャリアと大きく異なる。表1にその一覧を示す。粒径および磁気特性を小さくすることで緻密な磁気ブラシを形成し，且つ磁気ブラシ自体が回転することでトナークラウドを発生させ現像する。これによりオンオフ画像しか再現できなかった当時としては，銀塩写真に近いハーフトーン再現を可能としたことで注目された。本現像方式はスリーブおよび内部の磁石ローラ（内極）も回転する方式である[4]。図9にMT方式の構成を示す。

　内極回転による現像剤搬送の為，保磁力が200Oe必要で，一般のキャリアより大きく，ハード磁石に近い。そのすぐ後に松下電器（現パナソニックコミュニケーションズ）からも，類似のキャリアを搭載したパナファインシステムが上市された。

ミノルタ社ではその後,通常の内極固定型であるNMT方式を上市,その際にも磁性粉含有率を上げて磁気力を大きくし(2300 Gauss程度)尚且つ粒径も大きくした(60μm)磁性粉分散型キャリアを適応した。磁気力を大きくしたとはいえ,それでも通常のフェライトの約2/3程度である。更に数年前に,デジタル機において非接触現像であるMTHG現像方式[5,6]を上市,この方式にも磁性粉分散型キャリアを適応した。本現像方式は,2成分現像の欠点であるキャリアによる掻き取り効果(図10)(スキャベンジングとも称する。現像により剥き出しになったキャリアが,既に現像されたトナーを掻き取って画像欠損を引き起こす現象)を対策するために,磁気ブラシを非接触とした。

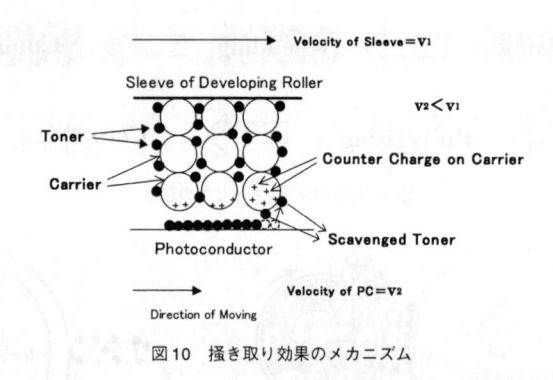

図10 掻き取り効果のメカニズム

本方式では均一薄層を形成する必要があり,キャリア一粒子当りの磁気力を小さくした。本キャリアの粒径は30μm,磁化は150mTとした。ここまで磁気力を小さくすると,通常のシステムではキャリア付着が問題となるが,非接触ゆえに対応が可能となった。磁化・粒径制御が容易な磁性粉分散型キャリアは本方式に適する。

磁性粉分散型キャリアは,フェライト並みの磁力達成はその構成上難しいが,帯電性制御・磁力制御・粒径制御は極めて容易である。

2.4.1 帯電性制御[4,7]

使用する磁性粉種と樹脂種を選べば,正帯電性から負帯電性まで大きく変化させることが可能である(図11)。

しかもキャリア自体に正荷電性材料と負荷電性材料を混在させれば,一つのキャリアで正負両方のトナーに対応可能である。フェライトでは,コーティング材料を変えて二種類のキャリアが必要である。

第5章 キャリア

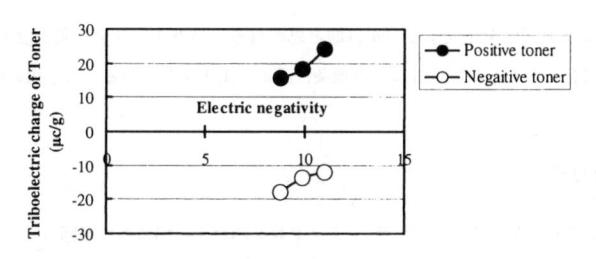

図11 磁性粉の電気陰性度と正負トナー荷電性

2.4.2 磁気力制御

当然のことであるが,磁性粉量を変えれば自在に磁気力を変化させられる。通常のサブミクロン磁性粉と熱可塑性樹脂であれば,練りこむ上限が約85%なので上限はあるが,それ以下の領域では自由にコントロールできる。低磁力キャリアの現像システムに向いているといえる。

2.4.3 粒径力制御

これはトナーと同じで,粉砕条件と分級条件を選べば理論的にはどの粒径でも可能である。フェライトの場合,造粒能力の関係で30μmを切るとコストが上がるが,磁性粉分散型キャリアでは問題なく製造可能である。

以上は粉砕分級法を使った磁性粉分散型キャリアであるが,最近,キヤノン社から重合技術を利用した磁性粉分散型キャリアが,上市されている[8,9]。本キャリアは,ケミカルトナーのように,磁性粉とモノマーを混合し水系溶媒中で重合し核を作る。これに荷電付与の為のコーティングを施す。このコーティング層には,顔料が混合されていて荷電立ち上がりを促進するようになっている。磁気力は従来の半分以下,粒径も半分以下となっている。当然従来のキャリア比抵抗だと電荷注入によるキャリア付着が問題となるので,実質的に絶縁性となっている。形状は,重合技術を使うため球形である。構造を図12に示す。本キャリアも,ソフト且つ均一な磁気ブ

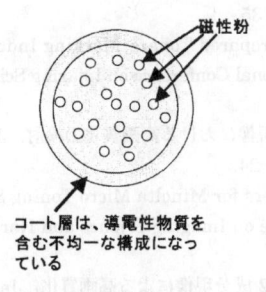

図12 キヤノン社製磁性粉分散型キャリアの構造

ラシを形成し高画質化を達成するのが目的と思われる。当然キャリア付着が課題となるため，キャリア抵抗を高くすること以外に，現像条件設定に工夫をしているものと思われる。

3 おわりに

コンパクトで廉価なプリンタがカラー・モノクロを問わず市場に多く出回り，一成分現像が多用されるようになってきている。その一方で中高速モノクロおよびカラーMFPや軽印刷(POD＝Print on Demand)対応マシンも活発に製品化されている。これらの領域では高画質・安定性・長寿命といった多くの要求から2成分現像が使われており，今後もその方向は変わらないであろう。なぜなら，高速でトナーを帯電させる簡便な方策として，粒子混合以外の技術がすぐには確立されそうに無いからである。熱可塑性樹脂を使うトナーとしては，一成分のような弾性板規制のような高負荷による荷電付与は，高速では致命的である。今後も少なくとも数年間は両現像方式は，領域によって棲み分けるであろう。

従って材料技術開発が著しい中で，キャリアは新規材料を利用しつつ更に高い荷電性や耐久性を目指し開発が進むであろう。また製造技術の発達によりより広い粒径制御を目指して開発が進められている。例えば前記でフェライトキャリアを$30\mu m$以下にするのは難しいと述べたが，最近は可能になりつつある。一方，エコロジー対応が必須となる中で，重金属レスキャリア，あるいは更なる長寿命化(究極は機械寿命達成)といった方向も同時に重要であり，実際にもうかなり進んでいる。

文　　献

1) 特許2560085, 特許2767735
2) Julian, P. Chemically Prepared Toners-Marking Industry Perspective. Tutorial Report of The 4th International Conference on Imaging Science and Hardcopy (ICISH'01), 2001
3) 古谷信正．2成分非接触現像における高画質化の検討．Japan Hardcopy '95 予稿集，日本画像学会編，1995：21-24．
4) ITO, N. Design of Carriers for Minolta Micro Toning System. Proceedings of the 4th International Conference on Imaging Science and Hardcopy (ICISH'01), 2001：213-216.
5) 清水保, 伊藤昇．非接触2成分現像による高画質化．Japan Hardcopy '99　Fall Meet-

第5章 キャリア

ing 予稿集, 日本画像学会編, 1999：18-21
6) 伊藤昇. ミノルタMTHG現像方式(採用機種：DiALTAシリーズ Di250, Di350). 1999年度事務機器関連技術調査報告書. 2000, 日本事務機工業会編：73-75
7) 伊藤昇. 磁性粉分散型キャリア(マイクロキャリアの帯電設計). Japan Hardcopy 2004 予稿集, 日本画像学会編, 2004：19-22
8) 小林克彰. 注入帯電クリーナーレスシステムにおける2成分現像装置について. Japan Hardcopy '01 予稿集, 日本画像学会編, 2001：19-22
9) 里村博, 渡邊毅, 竹田篤志, 小林克彰. 注入帯電を用いたクリーナーシステム. Japan Hardcopy 2003 Fall Meeting 予稿集, 日本画像学会編, 2003：9-12.

第6章　情報用紙の技術動向

内海正雄*

近年パーソナルコンピューターの飛躍的発達により情報用紙といわれる分野の構成も急速に変化しつつある。インターネットなどのネットワーク化の普及により，パソコンのディスプレイ上だけで大方の用は済み，メディアへのハードコピー自体不要になると予測する向きもあるが，情報用紙の使用量は減少しておらず，使用される品種構成が変化しているというのが実態である。その中でハードコピーの世界はモノクロから多色に，そしてフルカラーへと大きく変わりつつある。プリンタもそれに使用される紙メディアもそれぞれ用途に応じて使い分ける時代といえよう。ここでは，電子写真，インクジェット，感熱記録，昇華熱転写の方式に分けてそれぞれのメディア品種構成と基盤技術について概説する。

1　電子写真用紙の技術開発動向 [1~3]

電子写真用紙は基本的には普通紙タイプの上質紙であるが，複写機内での走行性，トナーの転写性と定着性，画像再現性，保存性，筆記性といった多くの要請を抱えている。高い品質特性を維持するために，各製紙メーカーは複写機メーカーと協力しあって，技術開発を続けている。

1.1　技術開発の経緯
1.1.1　複写機内での走行性の確保

カールの制御が一つの大きなポイントであり，基本的にはパルプ繊維の配向性制御技術にかかってくる。パルプスラリーがメッシュワイヤーで抄かれてゆくときに，繊維が同一方向に揃ってしまわないよう，スラリー吐出速度の制御等がなされている。また抄紙工程はワイヤー上での濾過であり，濾過効率の違いにより，ワイヤーに接する側と接していない側とで紙の構成成分比率に差が出る。こういった問題に対しては，2枚のワイヤーで紙を挟むように脱水させる方式が採用されている。最終的な水分率の調整も重要である。

走行性に影響を及ぼすもう一つの大きな要因は，用紙の寸法精度である。切り口の形状，紙粉

---

*　Masao Utsumi　三菱製紙㈱　高砂工場　技術部長

第6章 情報用紙の技術動向

の有無，表面の平滑さも影響する。

1.1.2 トナーの転写性

紙の帯電量が少なすぎるとトナーの転写が不十分となり，逆に多すぎると放電によってトナーが飛散するために画像の乱れが生じる。帯電量を適正に保つためには，表面電気抵抗値の制御がポイントである。導電剤(無機塩や高分子電解質)を塗布することにより，画質安定域といわれる $1 \times 10^9 \sim 1 \times 10^{13}$ Ωの範囲に保たれている。

1.1.3 トナーの定着性

ほとんどの複写機は，熱と圧力を併用する形でトナーを定着する方式を採用しているので，用紙表面を適度な平滑さに仕上げ，トナーと熱ロールの接触を均一に保つことがポイントとなる。カレンダー工程により適度な平滑レベルが実現されている。紙の表面エネルギーが小さいとトナーと紙の接着が弱いとされ，表面エネルギーに影響を及ぼすサイズ度合いもまた，最適化の対象となっている。

1.2 今後の課題

1.2.1 共用紙化

現代のオフィスでは，電子写真用紙に対して，電子写真方式以外の様々な記録方式に対応できることが求められている。とりわけインクジェットプリンターへの対応が重要である。感光体の表面を傷めるので，インクジェット用紙の項で述べたような，無機顔料を主成分とするインク吸収層を設けるわけにはいかない。あくまでも紙自体でインクを吸収する設計となる。紙中の填料，サイズ剤，定着剤の最適化という方向で，技術開発が進められている。

1.2.2 古紙の活用

グリーン購入法やエコマーク認定基準の見直しにおいて，古紙配合率100％かつ白色度70％程度以下が謳われており，古紙をいかに活用するかは重要な課題である。大きな問題の一つは，最終の原料パルプに繊維の長さが短いものが混ざってくることである。古紙パルプに機械パルプが含まれることが，その一つの理由である。短繊維パルプにより最も影響を受けるのはカール性である。上述した配向制御に加えて，紙力増強剤の活用等，一層の改良が必要となっている。紙の剛直度変化や紙粉の発生といった問題もある。複写機メーカー，製紙メーカー双方の努力により，実用化が進められている。

1.2.3 カラー対応

インクジェットプリンターによるフルカラー出力が先行しているが，電子写真方式によるフルカラー出力も，プリンターの小型化，低価格化により普及しつつある。この場合，用紙は専用紙となる。色再現性を向上させるために高い白色度が求められ，さらにトナー受理性，平滑性を一

層改良すべく,開発が進められている。印刷に近い高級な光沢感を求めるニーズもある。トナー部分が熱定着時に高平滑化され,あわせて白地部も熱定着ロールに由来するオイルによって光沢を失うことがないような設計が進められている。

2 インクジェット用紙（IJ用紙）の技術開発動向[1]

2.1 市場の概要

インクジェットプリンターはパソコンの進歩と相俟って小型化,低価格化,高性能化が一気に進み家庭やオフィスに急速に普及した。業務用では設計製図や大判のポスター用にワイドフォーマットプリンターが使用され,オンデマンド印刷分野でも徐々に利用が拡大している。メディアの種類としては,PPC用紙のようなノンコート紙から高精細画像を再現するマットコート紙,キャスト光沢紙,写真用のRC光沢紙まで多種に分かれる。また最近では,インクの色材によって染料用と顔料用(染顔共用)に分かれている場合もある。インク溶媒は殆どが水系用を前提としているが,有機溶剤用や不揮発性オイル用なども開発されている。

IJ用紙をおおまかに分類すると,下記のようになる。

　　（写真画質）　　RC光沢紙←キャスト光沢紙←マットコート紙←ノンコート紙　　（汎用）

2.2 技術開発動向
2.2.1 RC光沢紙（マイクロポーラスタイプ）

銀塩写真に使用されているレジンコート紙（RC紙）をベースとした紙で,外観,手触りなど銀塩写真と極めて類似した光沢紙である。インク受容層／支持体という構成であり,受容層は気相法アルミナ,気相法シリカなどを用いた超微細な空隙構造を有しており,塗工層の透明性からRC紙支持体の光沢感が外観として現れている。空隙構造の故にインク浸透速度が速いことから,速乾タイプや空隙タイプとも呼ばれ後述するポリマータイプと区別される。現状ではこのタイプがRC光沢紙の主流である。

2.2.2 RC光沢紙（ポリマータイプ）

マイクロポーラスタイプと同様にRC紙をベースとした光沢紙であるが,インク吸収層がゼラチン,PVP,PVAなどの親水性ポリマー皮膜となっているため,膨潤型とも呼ばれインク吸収速度は遅く乾燥に長時間を要す。塗層自体が光沢のある樹脂であるため光沢度は高く,インク溶媒を吸収して膨張するため,マイクロポーラスタイプより少ない塗工量で吸収可能である。

空隙型と膨潤型の比較を表1にまとめた。

第6章 情報用紙の技術動向

表1 空隙型と膨潤型の比較

	膨潤型メディア	空隙型メディア
透明性	○高い	△中
速乾性	×遅い	◎速い
耐水性	△低い	○高い
耐候性	○高い	△低い
インク吸収量	△中	○多い
塗布量	少ない	多い
光沢	◎高い	○高い
コスト	○	△

2.2.3 キャスト光沢紙

　光沢発現層／インク吸収層／支持体という構成である。光沢発現層にはシリカやアルミナの微粒子が用いられており，染料の定着機能を有している。この層をキャストコーターの鏡面ドライヤに押し当てて乾燥させることにより，表面の光沢を実現している。この乾燥工程で水分の逃げる道を確保する必要があることから，支持体は紙のような吸水性支持体に限られている。インク吸収層は多孔質顔料からなり，インクの溶媒類を吸収している。紙ベースなので，あまり多量のインクを打ち込むと，プリント部分の波打ち（コックリング）が発生するという問題点がある。ドット再現性も他の光沢メディアに比べるとやや劣るとされている。

2.2.4 マットコート紙[5]

　光沢タイプと同様，塗工タイプIJ用紙である。キャストコート紙と同様に紙を支持体としたもので，インク吸収層／支持体という構成である。インク受容層は多孔質顔料が主体である。顔料粒子間の空隙と，顔料自体が持っている微細な空隙の両方の効果によりインクを吸収している。紙を支持体としているためコックリングの問題は避けられない。

2.2.5 ノンコート紙（普通紙）[5]

　IJ専用普通紙あるいはPPC共用紙として販売されているものである。IJ記録の場合には，ドットサイズを小さく抑えて高解像度を得ることが重要である。そのためには，インクの用紙深さ方向への浸透速度が，表面方向への広がり速度よりも大きくなるように設計する必要がある。非塗工タイプの基本構成はパルプ，填料，内添サイズ剤，表面サイズ剤であるが，これらの調整によりサイズ度合いや表面の接触角を最適化している。

2.3 今後の課題

2.3.1 水性顔料インクへの対応

　顔料インクの持つ高い画像保存性は大きな魅力である。染料に比べて発色性が劣るという問題点があったが，インク色材の進歩により顔料粒径をサブミクロンオーダーまで微粒化されており

200倍				
3000倍				
	ノンコート紙	マットコート紙	キャスト光沢紙	RC光沢紙

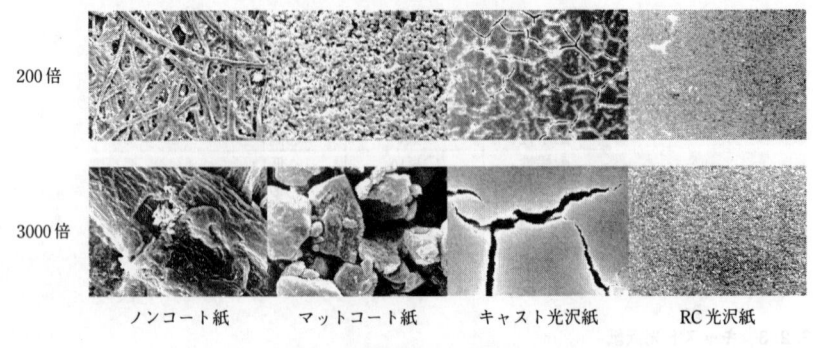

図1 各種IJ用紙の表面写真

大幅に発色性が向上してきた。しかしながら，顔料インク中に含まれる分散剤（バインダー）量が，インクジェットという印字原理ゆえにさほど多くはない。その結果，印字部分からの粉落ち（チョーキング，スメアリング）が問題となる場合がある。またキャスト光沢紙など表面に亀裂がある場合，色材顔料粒子が亀裂から塗層内部に落ち込むため画像濃度が上がり難い場合が多い。顔料インク適性を持ったメディアは表面構造に工夫がされている。

2.3.2 油性顔料インクへの対応[7]

安全性の高い非極性高沸点溶剤中に，顔料を分散させた油性顔料インクを用いるIJ記録方式が注目を集めている。顔料の中でもレーキ顔料を使えるので画像保存性が極めて高いこと，ヘッドの特性から記録速度が大幅に向上すること，紙ベースを用いてもコックリング現象がないこと等がその理由である。このインクに対応するメディア開発が進められている。例えば，光沢タイプのメディアとして，2001年に学会発表されたものを挙げることができる。無定型シリカとインク親和性のアクリル系ポリマーからなるインク吸収層を基紙に設け，さらにその上に，光沢発現層をキャスト塗工で形成している。

3 感熱記録用紙の技術開発動向[1]

1980年代にファクシミリ用途を端に急成長した感熱紙は，90年代に入りPOSレジ，ATM用などの小型プリンターの出力用紙や各種ラベル用などに，ドットインパクトプリンターに置き換わる形で一層の成長を遂げた。サーマルヘッドを用いた感熱記録方式（ダイレクトサーマル方式）は，それまでのドットプリンターに比べインクリボンの補充が不要で，静かでプリンターの信頼性が高く小型であり，紙以外の消耗品を必要としないという利便性が最大のメリットとして挙げられる。ファクシミリ用途において培われてきた高感度化技術は，省電力化によるプリンターの

第6章 情報用紙の技術動向

小型化を可能とし，結果としてファクシミリ以外の用途が広がるきっかけともなった。現状では，ハンディターミナル・レコーダー・ビデオプリンター・ATM/CD等の出力用紙として，また食品用・物流用POSラベル，衣料用タグ，鉄道の乗車券，バスの整理券，ポイントカード，遊園地・イベント・コンサート等のチケット，POSレジ用紙，請求書，最近ではナンバーズ，勝ち馬投票券，totoといった宝くじなど，我々の身近な用途に広く使用され，利用分野は多岐にわたっている。

このように普及したのは，デジタル化の流れと共に，装置側と用紙側の改良進歩に依るところが大きい。サーマルヘッド側からは印字耐久性の向上，発熱素子の400～600dpi以上への高密度化，熱履歴制御，発熱素子毎の発熱温度またはエネルギー制御を可能にするなど，サーマルヘッドの実装技術と制御技術の進歩が挙げられる。また感熱記録用紙側からは，基本性能の発色高感度化，画像保存性の向上，プリンター走行性の安定に加え，風合，鉛筆筆記性付与するなど普通紙により近くなり，用紙へのオフセット印刷も可能になってきた。

以下感熱紙に要求される特性に対して，代表的な技術を紹介する。

3.1 高感度化

感熱紙の発色機構は，染料と顕色剤，増感剤の3種類の組み合わせによって発色する。

代表的な染料としては，3-ジブチルアミノ-6-メチル-7-アニリノフルオラン，3-(N-エチル-N-イソアミルアミノ)-6-メチル-7-アニリノフルオランなどフルオラン系化合物が主流で，顕色剤としては4,4′-ジヒドロキシジフェニルスルホンやその誘導体である4-ヒドロキシ-4′-イソプロピルオキシジフェニルスルホン等が主流である。増感剤に関してはその選択にノウハウがあるが，一般的には適度な融点を持つことに加えて，融解後の粘度が十分低く，顕色剤とロイコ染料に対する溶解度が大きいこと，熱的に安定であることが求められている。

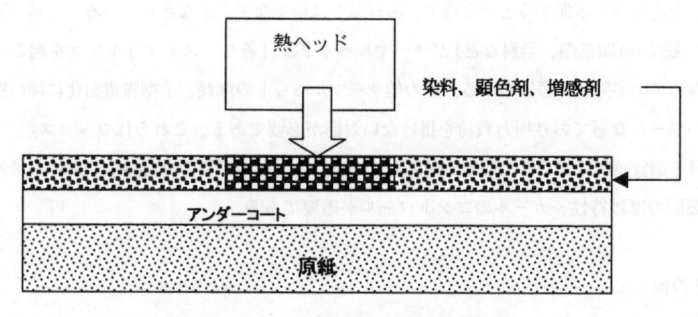

図2 最近の感熱紙の層構成と発色模式図

製造工程的には，顕色剤，ロイコ染料，増感剤といった素材の分散微粒子化が重要である。平均粒径を1μm以下にすることにより，大幅な感度アップが図られている。単なる比表面積の増加に加えて，分散時にかかるシェアによって素材表面が活性化される効果もあると考えられている。記録層表面の平滑性も，サーマルヘッドとの接触を確保して，高感度化を図るために有効である。支持体である紙そのものの平滑性と，感熱記録層の平滑性の両方から改良が進められた。塗層面については，塗布方式やカレンダー処理に工夫が施されている。

アンダーコート層を設けたことも発色の改善に大きな効果がある。クッション的な働きをして，サーマルヘッドと感熱記録層の密着性を助けており，また断熱層としての働きによって，加えられた熱エネルギーを効率よく発色に寄与させている。

3.2 高保存性

感熱紙の発色機構が基本的に可逆反応である事から，保存性の弱さが感熱紙の最大の弱点であり，様々な技術検討がなされてきた。食品・物流用ラップや塩ビファイルなどに含まれる可塑剤や油成分の付着により印字部が消えるという問題に対しては，感熱記録層の上に保護層を設けることにより対処されている。紫外線による地肌部の黄変，或いは画像部が消色あるいは変色する問題に対しては紫外線吸収剤の添加，ロイコ染料の構造の選択や各種酸化防止剤の添加により対処がなされている。

これまでに述べてきたロイコ染料と顕色剤という組み合わせとは全く異なる系であるが，イミノ化合物とイソシアネート誘導体の組み合わせからなる感熱発色システムは，やや感度が低いという課題はあるものの，サーマルヘッドの加熱により黒色の顔料様発色体を形成し，不可逆反応であるため各種保存性はずばぬけている（三菱AF感熱紙）。

3.3 プリンタ走行性

安定した走行性を確保するという点で，素材面では様々な工夫がなされている。感熱の発色による熱溶融成分(顕色剤，染料など)がサーマルヘッドに付着し，スティッキングを起こしたりカスとなって印字障害の原因となる。その他サーマルヘッドの摩耗，小型省電力化に伴い搬送機構も低パワーになっており極力負荷を掛けない対応が必要である。これらはワックス類，滑剤，各種顔料を適宜選択することで改善が図られている。また製造工程では記録紙表面の平滑性，記録層と裏面の摩擦特性，カールのコントロールが重要である。

3.4 その他[4]

感熱記録紙もマルチカラー化の要望がある。3色発色も技術的には可能であるが，現状一般に

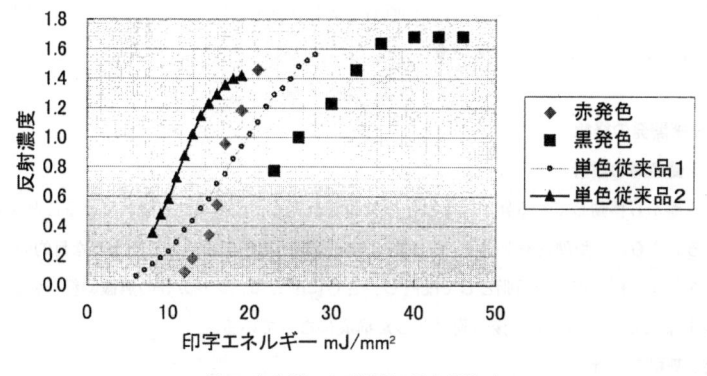

図3 加色型2色感熱紙の発色特性[12]

流通しているのは赤／黒（三菱LB690V），青／黒（三菱LB790V）の2色発色タイプが主流である。発色機構の基本は同一層内に含有されたロイコ染料と顕色剤が互いに加熱溶融し発色させるロイコ染料型だが，2色それぞれ異なる加熱温度で発色させており，低温加熱（1色目）では赤，青等の有彩色を，高温加熱（2色目）では有彩色と黒の両方を発色させる「加色型」となっている（図3参照）。これに対し多層構造で低温で黒発色を，高温では黒を消色させて有彩色を発色させる「消色型」も過去には開発されたが，保存性に問題がありコストも高いために普及しなかった。2色が簡単に得られる事により，プレ印刷が省略でき視覚的なアピール力が大幅に向上する。現状，食品ラベルの特価表示や入場券などの大人子供の区別，偽造防止用などに利用されている。

その他にも，機能を付加した感熱記録用紙として，3枚同時プリントが可能な3枚複写感熱紙や，感熱プリンターの瞬間的な高熱には反応するが120℃の熱には反応しないスルホンアミド系顕色剤を使用した熱ラミネートが可能な感熱紙，スルホニルウレア系顕色剤の特徴を生かした熱定着型感熱紙[6]，電子線照射によるフィルムキャスト法により75°光沢が96％という超光沢感熱紙等の機能化商品が提案されている。

4 昇華熱転写用紙の技術開発動向[1]

熱転写記録には溶融熱転写方式と昇華熱転写方式がある。いずれも完全なドライ方式，保守が容易，フルカラー記録が可能といった特徴を持つ一方，リボンまたはドナーシートが廃棄物となる，あるいは記録速度が遅いといった問題点を抱えている。現在ではインクジェット記録に押されがちであるが，昇華熱転写方式には，転写染料量による濃度階調によって256階調が可能とい

う特徴があり、銀塩カラー写真に次ぐ高い画質ポテンシャルを持っているため、デジタルカメラの出力用途として関心が高まっている。

4.1 技術開発の経緯
4.1.1 受像層の設計
ドナー層から移動してくる昇華性染料との親和性が高く、色再現性が優れていることが第一条件になる。さらに、耐熱性やドナーシートからの剥離性も必要である。このような目的のために、ポリエステル系樹脂を主要樹脂として配置し、さらに酢ビ類、シリカ等の無機顔料、変性シロキサン等を添加して、$10\mu m$前後の膜厚とした構成になっている。

4.1.2 基材の設計
受像層表面を平滑に保つことが、画像濃度を確保するために必須である。受像層の塗工技術ももちろん重要であるが、受像層を設ける基材そのものの平滑性も大切な要素となる。この目的のために、白色の合成紙や、PETフィルムに白色顔料とポリウレタンからなる白色隠蔽層を設けた基材が用いられている。微細気泡含有PETは、表面が高平滑であり、微細気泡のクッション性のためにドナーシートとの密着性に優れており、さらに微細気泡の断熱効果のおかげで記録時の熱効率がよいといった様々なメリットを持っており、好ましい基材として多用されている。これらの基材は必要に応じて、コート紙類と貼り合わせて用いられている。これは、受像紙が最終の記録物としての感触や、プリンター内での搬送性を有する必要があるためである。

4.2 今後の課題
昇華熱転写方式においては、画像保存性が低いことと廃棄物が出ることが大きな問題点となっている。これらをいかに解決するか、そして一層の画質向上、高速化、小型化、低価格化を図って、デジタル画像の出力におけるインクジェットとの競合に勝てるかが、今後の課題である。受像紙単独ではないが、画像保存性に関して、新しい技術が開発されているので、簡単に紹介する。

4.2.1 キレート形成反応の利用[8,9]
染料としてキレート形成能のあるものを用い、受像紙側に金属イオン供給化合物として、コバルトやニッケル等の1,3-ジケトン錯体を配置しておく。画像様に染料を転写後、再度熱エネルギーを与えて、染料と金属を完全にキレート錯体化する。キレート形成により、吸収スペクトルが大きく変化するので、染料と金属の組み合わせを最適化しておく必要がある。

このキレート形成により、従来型の昇華熱転写画像がほとんど消失するほどのキセノン光を照射しても、80％以上の濃度が残存するという、驚異的な耐光性が実現している。色材の吸光係数が増大する点は、発色濃度向上に有利に働く。さらに、画像のにじみも抑制されている。色再現

域についても検討され，問題ないレベルに到達している．

4.2.2 保護層の設置[10, 11]

ドナーシート側に，YMCの3色に続き，保護層成分を設けておく．保護層成分は，アクリル系樹脂の表層とヒートシール層の二層構成である．ヒートシール層には紫外線吸収剤と色素の退色抑制剤も添加している．受像紙側に画像を形成した後，サーマルヘッドで保護層成分を画像上に転写して，保護層を形成する．得られた保護層付き画像の保存性は，耐水性，耐可塑剤性，耐熱性（60℃30%RH，14日），耐湿性（40℃90%RH，30日），耐光性（白色蛍光灯およびキセノンフェードメータで屋内3〜5.6年または南向き窓側での太陽光3か月相当）の見地から評価して，銀塩写真に近いレベルに到達していることが示されている．保護層に加えられた紫外線吸収剤や退色抑制剤の効果と，保護層転写時に，受像層表面にあった色素が受像層中に埋め込まれる効果も考えられている．

文　献

1) 伊藤章，情報用紙の今後の動向について，㈳日本事務機械工業会（2002）
2) 細村弘義，「写真工業別冊イメージングPart3」電子写真学会編，p133（1988）
3) 日比野良彦，「印刷・情報記録における"紙"の特性と印刷適性および分析，評価」，㈱技術情報協会，p325（1999）
4) 平石重俊，紙パルプ技術タイムス，**44**, 8, p16（2001）
5) 内海正雄，インクジェットプリンターの応用と材料，155, シーエムシー出版（2002）
6) 瀬川貴子 他，Japan Hardcopy2000論文集，p317（2000）
7) 有末英也，内海正雄，Japan Hardcopy2001論文集，p305（2001）
8) 朝武敦 他, Japan Hardcopy1999 論文集，p359（1999）
9) 木田修二，高分子学会印刷・情報記録・表示研究会1999-3予稿集，p9（1999）
10) 江口博, Japan Hardcopy1999論文集，p359（1999）
11) 米谷伸二，高分子学会印刷・情報記録・表示研究会1999-3予稿集，p5（1999）
12) 池澤善己，「2色感熱紙の新動向」，紙パ技術協会誌　2001. 11月号

《CMCテクニカルライブラリー》発行にあたって

弊社は、1961年創立以来、多くの技術レポートを発行してまいりました。これらの多くは、その時代の最先端情報を企業や研究機関などの法人に提供することを目的としたもので、価格も一般の理工書に比べて遙かに高価なものでした。

一方、ある時代に最先端であった技術も、実用化され、応用展開されるにあたって普及期、成熟期を迎えていきます。ところが、最先端の時代に一流の研究者によって書かれたレポートの内容は、時代を経ても当該技術を学ぶ技術書、理工書としていささかも遜色のないことを、多くの方々が指摘されています。

弊社では過去に発行した技術レポートを個人向けの廉価な普及版**《CMCテクニカルライブラリー》**として発行することとしました。このシリーズが、21世紀の科学技術の発展にいささかでも貢献できれば幸いです。

2000年12月

株式会社　シーエムシー出版

プリンター開発技術の動向　(B0923)

2005年 2月20日　初　版　第1刷発行
2010年 5月21日　普及版　第1刷発行

監　修　髙橋　恭介
発行者　辻　　賢司
発行所　株式会社　シーエムシー出版
　　　　東京都千代田区内神田1-13-1　豊島屋ビル
　　　　電話 03 (3293) 2061
　　　　http://www.cmcbooks.co.jp

Printed in Japan

〔印刷　倉敷印刷株式会社〕　　　　　　　　© Y. Takahashi, 2010

定価はカバーに表示してあります。
落丁・乱丁本はお取替えいたします。

ISBN978-4-7813-0212-6 C3054 ¥3600E

本書の内容の一部あるいは全部を無断で複写（コピー）することは、法律で認められた場合を除き、著作者および出版社の権利の侵害になります。

CMCテクニカルライブラリー のご案内

液晶ポリマーの開発技術
―高性能・高機能化―
監修／小出直之
ISBN978-4-7813-0157-0　　　　　B902
A5判・286頁　本体4,000円＋税（〒380円）
初版2004年7月　普及版2009年12月

構成および内容：【発展】【高性能材料としての液晶ポリマー】樹脂成形材料／繊維／成形品【高機能性材料としての液晶ポリマー】電気・電子機能（フィルム／高熱伝導性材料）／光学素子（棒状高分子液晶）／ハイブリッドフィルム／光記録材料【トピックス】液晶エラストマー／液晶性有機半導体での電荷輸送／液晶性共役系高分子　他
執筆者：三原隆志／井上俊英／真壁芳樹　他15名

CO_2固定化・削減と有効利用
監修／湯川英明
ISBN978-4-7813-0156-3　　　　　B901
A5判・233頁　本体3,400円＋税（〒380円）
初版2004年8月　普及版2009年12月

構成および内容：【直接的技術】CO_2隔離・固定化技術（地中貯留／海洋隔離／大規模緑化／地下微生物利用）／CO_2分離・分解技術／CO_2排出削減関連技術】太陽光利用（宇宙空間利用発電／化学的水素製造／生物的水素製造）／バイオマス利用（超臨界流体利用技術／燃焼技術／エタノール生産／化学品・エネルギー生産　他）
執筆者：大隅多加志／村井重夫／富澤健一　他22名

フィールドエミッションディスプレイ
監修／齋藤弥八
ISBN978-4-7813-0155-6　　　　　B900
A5判・218頁　本体3,000円＋税（〒380円）
初版2004年6月　普及版2009年12月

構成および内容：【FED 研究開発の流れ】歴史／構造と動作　他【FED 用冷陰極】金属マイクロエミッタ／カーボンナノチューブエミッタ／横型薄膜エミッタ／ナノ結晶シリコンエミッタ BSD／MIM エミッタ／転写モールド法によるエミッタアレイの作製【FED 用蛍光体】電子線励起用蛍光体／【イメージセンサ】高感度撮像デバイス／赤外線センサ
執筆者：金丸正剛／伊藤茂生／田中　満　他16名

バイオチップの技術と応用
監修／松永　是
ISBN978-4-7813-0154-9　　　　　B899
A5判・255頁　本体3,800円＋税（〒380円）
初版2004年6月　普及版2009年12月

構成および内容：【総論】【要素技術】アレイ・チップ材料の開発（磁性ビーズを利用したバイオチップ／表面処理技術　他）／検出技術開発／バイオチップの情報処理技術【応用・開発】DNA チップ／プロテインチップ／細胞チップ（発光微生物を用いた環境モニタリング／免疫診断用マイクロウェルアレイ細胞チップ　他）／ラボオンチップ
執筆者：岡村好子／田中　剛／久本秀明　他52名

水溶性高分子の基礎と応用技術
監修／野田公彦
ISBN978-4-7813-0153-2　　　　　B898
A5判・241頁　本体3,400円＋税（〒380円）
初版2004年5月　普及版2009年11月

構成および内容：【総論】概説【用途】化粧品・トイレタリー／繊維・染色加工／塗料・インキ／エレクトロニクス工業／土木・建築／用水処理／ドラッグデリバリーシステム／水溶性フラーレン／クラスターデキストリン／極細繊維製造への応用／ポリマー電池・バッテリーへの高分子電解質の応用／海洋環境再生のための応用　他
執筆者：金田　勇／川副智行／堀江誠司　他21名

機能性不織布
―原料開発から産業利用まで―
監修／日向　知
ISBN978-4-7813-0140-2　　　　　B896
A5判・228頁　本体3,200円＋税（〒380円）
初版2004年5月　普及版2009年11月

構成および内容：【総論】原料の開発（繊維の太さ・形状・構造／ナノファイバー／耐熱性繊維　他）／製法（スチームジェット技術／エレクトロスピニング法　他）／製造機器の進展【応用】空調エアフィルタ／自動車関連／医療・衛生材料（貼付剤／マスク）／電気材料／新用途展開（光触媒空気清浄機／生分解性不織布）　他
執筆者：松尾達樹／谷岡明彦／夏原豊和　他30名

RF タグの開発技術 Ⅱ
監修／寺浦信之
ISBN978-4-7813-0139-6　　　　　B895
A5判・275頁　本体4,000円＋税（〒380円）
初版2004年5月　普及版2009年11月

構成および内容：【総論】市場展望／リサイクル／EDI と RF タグ／物流【標準化, 法規制の現状と今後の展望】ISO の進展状況　他【政府の今後の対応方針】ユビキタスネットワーク　他【各事業分野での実証試験及び適用検討】出版業界／食品流通／空港手荷物／医療分野　他【諸団体の活動】郵便事業への活用　他【チップ・実装】微細 RFID　他
執筆者：藤浪　啓／藤本　淳／若泉和彦　他21名

有機電解合成の基礎と可能性
監修／淵上寿雄
ISBN978-4-7813-0138-9　　　　　B894
A5判・295頁　本体4,200円＋税（〒380円）
初版2004年4月　普及版2009年11月

構成および内容：【基礎】研究手法／有機電極反応論　他【工業的利用の可能性】生理活性天然物の電解合成／有機電解法による不斉合成／選択的電解合成／金属錯体を用いる有機電解合成／電解重合／超臨界 CO_2を用いる有機電解合成／イオン性液体中での有機電解反応／電極触媒を利用する有機電解合成／超音波照射下での有機電解反応
執筆者：跡部真人／田嶋稔樹／木瀬直樹　他22名

※ 書籍をご購入の際は、最寄りの書店にご注文いただくか、㈱シーエムシー出版のホームページ(http://www.cmcbooks.co.jp/)にてお申し込み下さい。

CMCテクニカルライブラリーのご案内

高分子ゲルの動向
―つくる・つかう・みる―
監修／柴山充弘／梶原莞爾
ISBN978-4-7813-0129-7　B892
A5判・342頁　本体4,800円＋税　（〒380円）
初版2004年4月　普及版2009年10月

構成および内容：【第1編　つくる・つかう】環境応答（微粒子合成／キラルゲル　他）／力学・摩擦（ゲルダンピング材　他）／医用（生体分子応答性ゲル／DDS 応用　他）／産業（高吸水性樹脂　他）／食品・日用品（化粧品　他）他【第2編　みる・つかう】小角X線散乱によるゲル構造解析／中性子散乱／液晶ゲル／熱測定・食品ゲル／NMR　他
執筆者：青島貞人／金岡鍾局／杉原伸治　他31名

静電気除電の装置と技術
監修／村田雄司
ISBN978-4-7813-0128-0　B891
A5判・210頁　本体3,000円＋税　（〒380円）
初版2004年4月　普及版2009年10月

構成および内容：【基礎】自己放電式除電器／ブロワー式除電装置／光照射除電装置／大気圧グロー放電を用いた除電／除電効果の測定機器　他【応用】プラスチック・粉体の除電と問題点／軟X線除電装置の安全性と適用法／液晶パネル製造工程における除電技術／湿度環境改善による静電気障害の予防　他【付録】除電装置製品例一覧
執筆者：久本　光／水谷　豊／菅野　功　他13名

フードプロテオミクス
―食品酵素の応用利用技術―
監修／井上國世
ISBN978-4-7813-0127-3　B890
A5判・243頁　本体3,400円＋税　（〒380円）
初版2004年3月　普及版2009年10月

構成および内容：食品酵素化学への期待／糖質関連酵素（麹菌グルコアミラーゼ／トレハロース生成酵素　他）／タンパク質・アミノ酸関連酵素（サーモライシン／システイン・ペプチダーゼ　他）／脂質関連酵素／酸化還元酵素（スーパーオキシドジスムターゼ／クルクミン還元酵素　他）／食品分析と食品加工（ポリフェノールバイオセンサー　他）
執筆者：新田康則／三宅英雄／秦　洋二　他29名

美容食品の効用と展望
監修／猪居　武
ISBN978-4-7813-0125-9　B888
A5判・279頁　本体4,000円＋税　（〒380円）
初版2004年3月　普及版2009年9月

構成および内容：総論（市場　他）／美容要因とそのメカニズム（美白／美肌／ダイエット／抗ストレス／皮膚の老化／男性型脱毛）／効用と作用物質（ビタミン／アミノ酸・ペプチド・タンパク質／脂質／カロテノイド色素／植物性成分／微生物成分（乳酸菌、ビフィズス菌）／キノコ成分／無機成分／特許から見た企業別技術開発の動向／展望
執筆者：星野　拓／宮本　達／佐藤友恵惠　他24名

土壌・地下水汚染
―原位置浄化技術の開発と実用化―
監修／平田健正／前川統一郎
ISBN978-4-7813-0124-2　B887
A5判・359頁　本体5,000円＋税　（〒380円）
初版2004年4月　普及版2009年9月

構成および内容：【総論】原位置浄化技術について／原位置浄化の進め方【基礎編－原理、適用事例、注意点】原位置抽出法／原位置分解法【応用編】浄化技術（土壌ガス・汚染地下水の処理技術／重金属等の原位置浄化技術／バイオベンティング・バイオスラーピング工法　他）／実際事例（ダイオキシン類汚染土壌の現地無害化処理　他）
執筆者：村田正敏／手塚裕樹／奥村興平　他48名

傾斜機能材料の技術展開
編集／上村誠一／野田泰稔／篠原嘉一／渡辺義見
ISBN978-4-7813-0123-5　B886
A5判・361頁　本体5,000円＋税　（〒380円）
初版2003年10月　普及版2009年9月

構成および内容：傾斜機能材料の概観／エネルギー分野（ソーラーセル　他）／生体機能分野（傾斜機能型人工歯根　他）／高分子分野／オプトデバイス分野／電気・電子デバイス分野（半導体レーザ／誘電率傾斜基板　他）／接合・表面処理分野（傾斜機能構造CVDコーティング切削工具　他）／熱応力緩和機能分野（宇宙往還機の熱防護システム　他）
執筆者：鍋田正彦／野口博憲／武内浩一　他41名

ナノバイオテクノロジー
―新しいマテリアル，プロセスとデバイス―
監修／植田充美
ISBN978-4-7813-0111-2　B885
A5判・429頁　本体6,200円＋税　（〒380円）
初版2003年10月　普及版2009年8月

構成および内容：マテリアル（ナノ構造の構築／ナノ有機・高分子マテリアル／ナノ無機マテリアル　他）／インフォーマティクス，プロセスとデバイス（バイオチップ・センサー開発／抗体タンパクアレイ／マイクロ定量分析システム　他）／応用展開（ナノメディシン／遺伝子導入法／再生医療／蛍光分子イメージング　他）他
執筆者：渡邉英一／阿尻雅文／細川和生　他68名

コンポスト化技術による資源循環の実現
監修／木村俊範
ISBN978-4-7813-0110-5　B884
A5判・272頁　本体3,800円＋税　（〒380円）
初版2003年10月　普及版2009年8月

構成および内容：【基礎】コンポスト化の基礎と要件／脱臭／コンポストの評価　他【応用編】農業・畜産廃棄物のコンポスト化／生ごみ・食品残さのコンポスト化／技術開発と応用事例（バイオ式家庭用生ごみ処理機／余剰汚泥のコンポスト化）他【総括】循環型社会にコンポスト化技術を根付かせるために（技術的課題／政策的課題）他
執筆者：藤本　潔／西尾道徳／井上高一　他16名

※ 書籍をご購入の際は、最寄りの書店にご注文いただくか、
㈱シーエムシー出版のホームページ（http://www.cmcbooks.co.jp/）にてお申し込み下さい。

CMCテクニカルライブラリーのご案内

ゴム・エラストマーの界面と応用技術
監修／西　敏夫
ISBN978-4-7813-0109-9　　　　　　B883
A5判・306頁　本体4,200円＋税（〒380円）
初版2003年9月　普及版2009年8月

構成および内容：【総論】【ナノスケールで見た界面】高分子三次元ナノ計測／分子力学物性　他【ミクロで見た界面と機能】走査型プローブ顕微鏡による解析／リアクティブプロセシング／オレフィン系ポリマーアロイ／ナノマトリックス分散天然ゴム　他【界面制御と機能化】ゴム再生プロセス／水添NBR系ナノコンポジット／免震ゴム　他
執筆者：村瀬平八／森田裕史／高原　淳　他16名

医療材料・医療機器
―その安全性と生体適合性への取り組み―
編集／土屋利江
ISBN978-4-7813-0102-0　　　　　　B882
A5判・258頁　本体3,600円＋税（〒380円）
初版2003年11月　普及版2009年7月

構成および内容：生物学的試験（マウス感作性／抗原性／遺伝毒性）／力学的試験（人工関節用ポリエチレンの磨耗／整形インプラントの耐久性）／生体適合性（人工血管／骨セメント）／細胞組織医療機器の品質評価（バイオ皮膚）／プラスチック製医療用具からのフタル酸エステル類の溶出特性とリスク評価／埋植医療機器の不具合報告　他
執筆者：五十嵐良明／矢上　健／松岡厚子　他41名

ポリマーバッテリーⅡ
監修／金村聖志
ISBN978-4-7813-0101-3　　　　　　B881
A5判・238頁　本体3,600円＋税（〒380円）
初版2003年9月　普及版2009年7月

構成および内容：負極材料（炭素材料／ポリアセン・PAHs系材料）／正極材料（導電性高分子／有機硫黄系化合物／無機材料・導電性高分子コンポジット）／電解質（ポリエーテル系固体電解質／高分子ゲル電解質／支持塩　他）／セパレーター／リチウムイオン電池用ポリマーバインダー／キャパシタ用ポリマー／ポリマー電池の用途と開発　他
執筆者：髙見則雄／矢田静邦／天池正登　他18名

細胞死制御工学
～美肌・皮膚防護バイオ素材の開発～
編著／三羽信比古
ISBN978-4-7813-0100-6　　　　　　B880
A5判・403頁　本体5,200円＋税（〒380円）
初版2003年8月　普及版2009年7月

構成および内容：【次世代バイオ化粧品・美肌健康食品】皮脂改善／セルライト抑制／毛穴引き締め【美肌バイオプロダクト】可食植物成分配合製品／キトサン応用抗酸化製品【バイオ化粧品とハイテク美容機器】イオン導入／エンダモロジー【ナノ・バイオテクと遺伝子治療】活性酸素消去／サンスクリーン剤【効能評価】【分子設計】　他
執筆者：澄田道博／永井彩子／鈴木清香　他106名

ゴム材料ナノコンポジット化と配合技術
編集／麹谷信三／西敏夫／山口幸一／秋葉光雄
ISBN978-4-7813-0087-0　　　　　　B879
A5判・323頁　本体4,600円＋税（〒380円）
初版2003年7月　普及版2009年6月

構成および内容：【配合設計】HNBR／加硫系薬剤／シランカップリング剤／白色フィラー／不溶性硫黄／カーボンブラック／シリカ・カーボン複合フィラー／難燃剤（EVA 他）／相溶化剤／加工助剤　他／ゴム系ナノコンポジットの材料／ゾル－ゲル法／動的架橋型熱可塑性エラストマー／医療材料／耐熱性／配合と金型設計／接着／TPE　他
執筆者：妹尾政宣／竹村泰彦／細谷　謙　他19名

有機エレクトロニクス・フォトニクス材料・デバイス
―21世紀の情報産業を支える技術―
監修／長村利彦
ISBN978-4-7813-0086-3　　　　　　B878
A5判・371頁　本体5,200円＋税（〒380円）
初版2003年9月　普及版2009年6月

構成および内容：【材料】光学材料（含フッ素ポリイミド　他）／電子材料（アモルファス分子材料／カーボンナノチューブ　他）【プロセス・評価】配向・配列制御／微細加工【機能・基盤】変換／伝送／記録／変調・演算／蓄積・貯蔵（リチウム系二次電池）【新デバイス】pn接合有機太陽電池／燃料電池／有機ELディスプレイ用発光材料　他
執筆者：城田靖彦／和田善玄／安藤慎治　他35名

タッチパネル―開発技術の進展―
監修／三谷雄二
ISBN978-4-7813-0085-6　　　　　　B877
A5判・181頁　本体2,600円＋税（〒380円）
初版2004年12月　普及版2009年6月

構成および内容：光学式／赤外線イメージセンサー方式／超音波表面弾性波方式／SAW方式／静電容量式／電磁誘導方式デジタイザ／抵抗膜式／スピーカー一体型／携帯端末向けフィルム／タッチパネル用印刷インキ／抵抗膜式タッチパネルの評価方法と装置／凹凸テクスチャ感を表現する静電触感ディスプレイ／画面特性とキーボードレイアウト
執筆者：伊勢有一／大久保諭隆／齊藤典生　他17名

高分子の架橋・分解技術
－グリーンケミストリーへの取組み－
監修／角岡正弘／白井正充
ISBN978-4-7813-0084-9　　　　　　B876
A5判・299頁　本体4,200円＋税（〒380円）
初版2004年6月　普及版2009年5月

構成および内容：【基礎と応用】架橋剤と架橋反応（フェノール樹脂　他）／架橋構造の解析（紫外線硬化樹脂／フォトレジスト用感光剤）／機能性高分子の合成（可逆的架橋／光架橋・熱分解系）【機能性材料開発の最近の動向】熱を利用した架橋反応／UV硬化システム／電子線・放射線利用／リサイクルおよび機能性材料合成のための分解反応　他
執筆者：松本　昭／石倉慎一／合屋文明　他28名

※書籍をご購入の際は、最寄りの書店にご注文いただくか、㈱シーエムシー出版のホームページ（http://www.cmcbooks.co.jp/）にてお申し込み下さい。